叫賣竹竿的小販為什麼不會倒？

暢銷經典版

投資理財前，非學不可的會計入門與金錢知識

さおだけ屋は
なぜ潰れないのか？

山田真哉——著
東正德——譯

推薦序

曾經啓蒙我的一本經典好書

畢德歐夫

這本書已經暢銷十五年以上了，能爲這樣的著作寫序，眞是莫大的榮幸。就以書名來說，很簡單好懂，其中包含的基本理財觀念也非常豐富，**是一本可以反覆閱讀三遍以上，仍然有許多收穫的好書**。

我之所以能從窮苦的階層往上爬，跟年輕時喜歡閱讀這類書籍有關，可以讓我們對生活中的數字更敏感，磨練敏銳度。

這跟我們在校園中所學的會計大不同，讀者不需要感到恐懼或擔憂。那種硬邦邦的學術總是讓人提不起勁，**生活跟會計觀念的結合**，才是本書作者的理念。

像是第一章提到的「對於不熟悉的領域，要毅然忽視數字的存在」，意思就是，數字雖然不會騙人，但如果是自己不熟的領域，很可能就被人誤導了。

第二章是開在郊區的高級法國餐廳之謎，這邊可以學到的是「連結經營」的概念，利用本業跟副業相結合，創造出更大的利益。

我們如果可以妥善地在本業工作時間外，開創出別的副業，有時候，副業的收入甚至高過於本業也說不定。做生意的人更要時時刻刻謹記著，本業沒什麼賺錢也無妨，只要副業有相當的利益，生意照樣做得起來。

第三章提到了庫存的觀念。

庫存是有成本的，可能損壞、退流行、被偷，還有場地費用等等。很多做生意的人沒看過這類書，生意就很容易失敗。創業初期也許有創意、有夢想，但眞正經營的時候才發現困難重重。因爲不具備這類商業會計知識，問題就會很大。

作者不只講解商業上的庫存概念，也提到了家庭的庫存概念，更提到時下很流行的「斷捨離」的觀念。試想，現在隨便一間房子都這麼貴，尤其都會區，更是寸土寸金。難道我們還要把家中寶貴的空間，拿來堆放無用之物？

這是值得深思的問題，到底什麼才是最有價值、值得留下的，想想看。

第四章介紹的是家庭財務報表要注意什麼。

會計就是把無形事物數字化的一門學問。很多人總說自己是數學白痴，但生活中的數字觀念不是很複雜的數學，**每個人都可以慢慢學習，進而運用在投資理財上。因為家庭理財這事情我們現在不做，將來還是要面對。**

有錢人跟窮人都要學理財，因爲理財是爲了讓我們知道錢的流向去了哪裡、是否有做好最佳的配置跟規畫。

有錢人要操心數千萬、數百萬的錢去了哪，窮人也要操心生活上的各種雜費去了哪。這事情無關貧富，而是爲了讓我們生活變得更好，不往下沉淪。

其他章節就不一一介紹，讓讀者自行去細細品味了。

如果你跟我一樣沒有富爸媽，靠自己努力學習這些財商知識，相信未來會很珍惜每一塊錢，並且把第一桶金擴增爲第二桶金，之後的財富擴張也就是水到渠成的事情了。

如果連讀完一本書的耐心都沒有，那怎麼證明自己對於財富的追求具有絕對的企圖心？

這是曾經啓蒙我的一本經典好書，相信你們會喜歡。年輕時讀過，現在步入中年再次閱讀，依舊收穫滿滿。感謝當年有鞭策過自己，生活上很多會計學問都盡量弄懂，現在才能用透徹的眼力去看透財務的本質。

誠摯推薦此書，希望每位讀者都喜歡。

（本文作者爲投資理財專欄作家，著有《最美好、也最殘酷的翻身時代》）

前言

讓會計成為有用的生活工具

會計為什麼難懂？

你讀過會計入門書嗎？

坊間書店以「輕鬆學會計」「簡易會計」「會計眞簡單」之類標題爲名的書琳瑯滿目，這類書銷路平平，每年仍不乏類似書籍投入書市。然而，現實中我們卻很少聽到「會計很簡單」這樣的說法。

爲什麼？

因爲寫入門書的人雖然想寫得簡單，但問題在於，讀者的步伐跟不上。不是一下子從「財務報表」開始說明，就是突然冒出「借方」「貸方」等專門用語，難怪讀者會抓狂。

不過話又說回來，若讀者不能對「財務報表」等專門用語具備相當程度的基礎知識，就無法理解會計複雜的結構，這也是事實。

會計能夠超越不同的時間、地點，以相同的基準將所有公司的狀況數據化，因此，會計使用的技術很複雜，專門用語也是數以千計。

也就是說，會計是一門不是極困難、卻也不是那麼容易就可以教會的學問。

其實，我在二〇〇五年出版了一本書《世界最簡單的會計書：青春女會計師事件簿》，它也是會計入門書，可能是拜交織了推理小說情節之賜，賣出超過五萬本，成了暢銷會計書。但是，身爲作者，我還是認爲寫得太難了。

會計入門書之所以怎麼寫都那麼困難，是因爲寫的人，包括我在內，都無法超脫「財務報表」等專門用語，也就是所謂的「會計常識」。但是，容我再嘮叨一句，想學習會計，這些東西在某種程度上還眞是不可或缺。

儘管如此，由於說明難懂，入門書越是想教這些東西，讀者就離會計越遠。

那麼，如何才能跳脫這種惡性循環呢？

從日常生活中的疑問談起

我曾經思索過這個問題。

好不容易得出的答案是：首先，必須讓讀者對會計產生興趣，大略掌握到會計的本質，縱使出現專門用語，也不會有抗拒感，這才是眞正的會計入門。

這次推出會計入門書之際，我立下了決心：

「爲了寫出眞正的會計入門書，我要完全擺脫所謂的會計常識。」

我對自己定了以下的規矩：

- **從日常生活中會注意到的疑問開始談起。**
- **不按教科書的順序解說會計。**
- **對生活有用的日常知識也納入書中。**

結果，最先產生的日常生活中的疑問，便是本書的標題：叫賣竹竿的小販爲什麼不會倒？

本書試圖透過解開此類日常疑問，達成下列目的：

讓讀者大略掌握到會計的本質。

讓讀者消除「難懂」的念頭，把會計當日常工具來使用。

文豪歌德亦如是說：「希望教科書能更有魅力。唯有當教科書能顯示出知識和學問最明朗且易於親近的一面時，才會讓人覺得有魅力。」

我在下筆時，也是盡可能的想寫出讓人覺得有趣、不會枯燥的教科書。

會計本來就是日常之物

就我的經驗而言，會計還是一門很難、門檻很高的學問。然而，一旦理解，會計就變得簡單了。只是理解之前，必須付出相當的努力。

學者甚至說：「會計是一門需要持續研讀，不知不覺中就會豁然開朗的學問。」

不過，會計的本質並非那麼難懂，這也是我的切身感受。因爲越是談論到會計的本質，越會牽扯到我們的日常生活。

這也難怪，因爲會計的概念，本來就源自於要讓我們的生活更加便利。每天現金的進出、損益的判斷、生涯規畫……這些和我們的生活息息相關的事物，都被納入了會計的概念中。

會計不是來自遙遠世界的東西，而是身邊俯拾皆是之物。

本書試著介紹對現實社會也有所助益的「本質會計學」。

雖然稱爲會計學，但它和學校教育所謂的會計是完全不同的東西，這一點請讀者理解。

因爲專校和大學只教「商業會計」，而我教的是和生活也息息相關的會計，也可以稱爲「個人會計」。

為討厭會計的你而寫

在此想請教以前買過會計書的人，眞正讀完的有幾本？書沒讀完，是購書者的不幸，也是沒被讀完的書的不幸。

這本書爲了讓人可以讀完，會提到許多會計以外的題外話（這當然是爲了迂迴地談論會計）。

「這裡談會計專業術語，好難喔！」如果有讀者對某些部分有這種感覺，不妨一開始就略過。換句話說，只看題外話也無妨。我反而擔心勉強看下去，最後變成討厭會計呢！

讀完這本書之後，再去翻開躺在書櫃某個角落睡覺的會計書，相信展現在眼前的世界，必然和先前迥然不同。

根據商業雜誌的說法，一旦搞懂會計，就可以「搞懂經濟」「對數字有概念」「出頭有望」。

我本人是出社會後才開始學會計的，的確，學了以後，我才「搞懂經濟」「對數字有概念」，至於是否「出頭有望」就不得而知了……

搞懂會計不會有任何損失。

如果能藉由本書，大略掌握到會計的本質，對於學習會計應有所助益。至於無心學習會計的讀者，本書也可以提供「新的視野和觀念」，以及「數字敏感度」。

本書是爲了覺得「會計好討厭」「看到會計就頭痛」「學會計好像沒什麼意義」的你而寫。但願你經由本書，與會計邂逅，迸發出新的火花。

那麼，現在就針對前面的疑問——「叫賣竹竿的小販爲什麼不會倒？」讓我們一起來思考吧！

第一章

叫賣竹竿的小販為什麼不會倒？

創造利益的方法

竹竿喔～賣竹竿～

在日本，任誰都聽過這樣的叫賣聲。

叫賣竹竿的「主題曲」，總是不知在何時、從何處悄悄登場，又悄悄離去。

前幾天，突然看到許久未見的叫賣竹竿的小貨車從眼前經過。然而仔細想想，從小到大，我一次也沒向叫賣竹竿的小販買過竹竿，也未曾目睹別人買過竹竿，甚至不曾聽誰說他買過竹竿。

當下我突然冒出這樣的疑問：究竟誰會向叫賣竹竿的小販買竹竿？叫賣竹竿究竟有什麼利益[1]？這算是一門生意嗎？我左思右想，想不出有什麼賺頭。

這一章，我們就來揭開這個具有「都市傳說」色彩的行業謎底，同時探討會計的根本思考——**如何才能創造利益**？

展開調查

我立即詢問周遭的人，看誰有向叫賣竹竿的小販買過竹竿，但是都沒得到肯定回答。倒是對於一般的叫賣生意，大家都回答曾經買過烤地瓜、豆腐或蔬果。

當然，地瓜、豆腐、蔬果是食物，和竹竿是完全不同類型的商品。對於烤地瓜這種東西，有時會心想：「嗯，來嘗嘗看吧！」「今天的地瓜看來很好吃耶！」而半衝動性地消費。但恐怕沒有人會想：「嗯，今天好想曬東西喔！」而衝動地買竹竿吧？

兩大疑問

於是，第一個浮現的疑問便是：「爲什麼賣的是竹竿？」

不賣竹竿也無妨吧？剪刀也可以，鍋子、水壺、衛生紙都不錯，只要是生活必需品，應該都是可以兜售的東西。

竹竿這種東西，搬家的時候買一次，應該會有好長一段時間不用買新的。一年買一次，或是像奧運般，四年買一次也不爲過，一般都會用個十年左右吧！

不妨想想，一生之中，能買幾次竹竿？

換句話說，作爲商品，竹竿的消費需求顯然相當低，比起賣一般家庭經常需要的豆腐、蔬果這類生意，在本質上完全不同。

而且，就算家裡的竹竿斷了或腐爛而無法使用，非得馬上買新的來汰換，恐怕也沒有人有耐心地等候叫賣竹竿的小貨車來到住家附近。

我想，一般人的運氣不會好到叫賣竹竿的小貨車這時剛好經過。運氣不好的，或許要等上好幾年，縱使運氣好遇到了，也未必來得及叫住它。

因此，在過去人們通常會到附近的五金行買，現在則是到超市，或開車到大賣場購買。既然如此，叫賣竹竿的小販何苦整天在大街小巷兜售？

莫非，跟叫賣竹竿的小販買竹竿有什麼天大的好處，讓人等上幾年也甘願？我想了想，似乎也沒有，充其量只是省下搬運竹竿的工錢罷了。

現在，我把重點整理一下，可以列出兩個問題點：

叫賣竹竿小販的謎團

①竹竿這種商品本來就沒什麼需求。

②我們特地向叫賣竹竿的小販買竹竿也沒什麼好處。

叫賣竹竿小販的財務報表

以常識判斷，沒需求、沒好處的生意是存活不了的。世界上有許多生意，都是因爲提供某種需求或好處，得以創造利益，才能繼續下去。

那麼，究竟爲什麼叫賣竹竿的小販不會倒？即使已經進入二十一世紀，還是生龍活虎地在大街小巷「竹竿——」「竹竿——」地叫賣？

這讓人不禁胡思亂想起來：難不成叫賣竹竿的小販是間諜，其實另有其他目的？

在審計[2]上，估算一家公司會不會倒閉，是一項重要的工作。

「叫賣竹竿的小販爲什麼不會倒？」這個謎，會計師[3]也很感興趣。叫賣竹竿小販的財務報表[4]，有機會一定要拜讀一番。

企業的大前提：永續經營

不僅是叫賣竹竿的小販，只要是企業，「繼續下去」都擺在大前提上，會計用語叫「永續經營」。而要繼續下去，首先就要有利益，沒有利益，什麼都免談。

如果問我爲什麼企業要以「繼續下去」爲大前提，這頗難說明，勉強要說的話，我會說企業是所謂的法人[5]，是法律上虛擬的「人」。人要存活下去，必須勤奮賺錢、儲蓄，企業也一樣，即使發生事故、社長離世，提高利益讓公司繼續下去，是它的使命。

個人賴以存活的標竿，一般都會認爲是錢（現金[6]），而企業存活的標竿卻不是現金，通常提到的是「利益」，或許有些人聽了會覺得彆扭。

這絕對不是說企業不需要現金，任何大企業都要將現金的出入情況，編造所謂的「現金流量表[7]」，這就是企業需要現金的證據。

企業之所以以利益作爲存活標竿的重要理由，是因爲有時候企業即使沒有現金，也可以存活下去。

例如，企業可以不用現金，以賒帳[8]購入商品，此外，使用票據[9]也可以交易。甚至只要擁有未來可以賺錢的工廠或機械等設備，也可以暫時不用支付貨款。因此，企業就算沒有現金也不會倒閉，照樣能繼續下去。

換句話說，光憑現金這個指標，無法評估一家企業的優劣。另一方面，利益不能只看現金的流向，會計上的獲利指標，還必須估算賒帳、票據，以及工廠或機械等設備的流向，這些在評估企業時都相當重要。

言歸正傳。

叫賣竹竿到底是不是可以創造利益的生意？

一般的想法是，這種沒有需求的商品，絕少賣得出去，也就是說，幾乎沒什麼營業收入[10]。然而，卡車費、汽油費、人事費等各種經費[11]，卻還是少不了。

如果是賣烤地瓜，我們不難想像它多少有需求，可以預估營業收入，而且藉由大量採購，也能節省進貨的費用[12]。靠著薄利多銷，雖然創造的利益不算龐大，但也足夠生活。

至於叫賣竹竿，我們連它靠什麼名堂創造利益都無法想像，但它卻可以長年存續，而且各處都有。

各處都有的原因，並非有錢人爲了興趣或當作業餘嗜好搞出來的，它應該有它賺錢的手法，大家才會以相同的型態做起生意。

利益＝營業收入－費用

不過，我們一味地嚷嚷「謎團難解」，反而看不到它的眞面目。

現在，就試著來探討現實中的兩個假設。

前面我們使用了「營業收入」「費用」「利益」三個會計用語，將它們整理如下：

營業收入－費用＝利益

「利益」是企業存續不可或缺的必要事物。

所有的生意要成立，就必須「增加利益」，也就是只有「增加營業收入」或「減少費用」兩個方法而已。因此，我們做出以下的假設：

叫賣竹竿小販的假設

〈假設①〉叫賣竹竿的營業收入確實很高。

〈假設②〉叫賣竹竿的進貨費用確實很低。

叫賣竹竿的賺錢手法

爲查證假設①，我們追蹤調查，弄清楚叫賣竹竿小販的商業型態。

以下是A婆婆的實際經驗：

A婆婆家裡的竹竿已經枯裂，她打算買支新的。剛好，有一天叫賣竹竿的小貨車從家門前經過，A婆婆叫住它，決定買它廣播的「兩支一千日元」的竹竿。

正當A婆婆從錢包裡掏出千元紙鈔時，叫賣竹竿的小販從車上走下來，說道：「兩支一千日元的是不錯，不過，我建議妳買一支五千日元的，這種很耐用，可以用到妳兒子、孫子那一輩，比較划算喔！兩支算妳八千日元就好。」

A婆婆心想耐用的比較好，最後買了一支五千日元的高級竹竿。

故事到此尚未結束。

叫賣竹竿的小販說：「我幫妳把竹竿拿到院子，擺到曬衣架上吧。」

A婆婆便拜託他。

沒想到，叫賣竹竿的小販一看到A婆婆家裡的曬衣架，隨即說：「這個曬衣架已經腐爛了，很危險喔！枉費妳買了這麼好的竹竿，哪天曬衣架倒了，說不定竹竿就折斷了！搞不好強風一吹，倒下來還會傷到人，最好早點修理。」

A婆婆聽說危險，心生不安，便問道：「那該怎麼辦才好？」

叫賣竹竿的小販說：「我認識做這一行的，我幫妳請人來修理。」

結果，曬衣架的修繕費居然要十萬日元！不用說，A婆婆後來被兒子夫婦給罵慘了。

提高單價

由這段故事可以得知，叫賣竹竿的小販佯裝賣兩支一千日元的便宜竹竿，其實賣的是利潤更大的東西，這東西當然就是一支五千日元的高級竹竿，以及十萬日元的修繕費。

五千日元的竹竿未必有那價值，進貨的價格可能沒多少。至於十萬日元修繕費，叫賣竹竿的小販必定從修繕業者那邊拿到相當的佣金（介紹費），這是無庸置疑的。

也就是說，即使商品幾乎沒什麼需求，只要提高單價，就可以增加營業收入，創造利益。

這種提高單價的方法，就會計概念而言，是很有效的做法。

就連速食業者業績不佳時，最先打出的招式，也是提高低價漢堡的價格，和加強宣傳高級漢堡。可見，**提高單價，是恢復業績最簡易的手法**。

〈結論①〉叫賣竹竿的小販提高單價以增加營業收入！

《朝日新聞》二〇〇二年曾經報導，有竹竿販售業者搞這種詐欺手法而被逮捕的消息。

當然，並不是所有叫賣竹竿的小販做生意都這麼惡劣，那只是極少數而已。不提高單價的竹竿販售業者所在多有，請讀者不要誤解。

叫賣竹竿是副業？

另外，在查證假設②方面，我取得以下的消息：

有人直接問叫賣竹竿的小販平常是做什麼的。

對方如此回答：「我在商店街經營五金行，當然也有不少人到我店裡買竹竿。顧客通常都會拜託我送貨到家，我這樣載出來到處賣，反而賣得快一些。」

看來，也有五金行在送貨給顧客時，順便經營叫賣竹竿的生意。

因爲是利用工作空檔做的，所以人事費就沒那麼高，卡車費、汽油費則可以直接流用屬於本業的費用。換言之，各種經費都近乎零。

更進一步說，「竹竿」這項商品，也是本業五金行賣的東西。我們所看到叫賣竹竿的生意，商品挪用自本業，進貨費用也是零。本業或許還會多進一些貨，供叫賣竹竿時用。

由於叫賣竹竿是副業，即使完全沒賣出去也無妨，賣掉就算賺到。

以前我曾經目睹叫賣竹竿的小貨車一邊用擴音喇叭播放著：「賣——竹——竿」，一邊急速地從眼前飛馳而過。當時我心想，就算再怎麼沒需求，開這麼快，是做哪門子生意？現在總算解開謎底了，開那麼快只是急著趕回店裡罷了。

因爲不是本業，才敢這麼帥氣。

賣掉的全都賺到

這種叫賣竹竿的生意，換成別種說法，就叫免初期投資[13]的副業。在外頭兜售的過程中，只要有人買就算賺到，也可以順便宣傳開在商店街的五金行，那才是本業。

這簡直就是一石二鳥的副業！反正本來就在經營五金行，不幹白不幹，還可以到處宣傳！

前面說過，增加利益只有兩個方法：一是「增加營業收入」，另一則是「減少費用」。就這點而言，叫賣竹竿或許不太能增加營業收入，但費用幾乎是零，賣多少賺多少，實在是很有賺頭的生意。

〈結論②〉叫賣竹竿是進貨費用近乎零的副業！

從叫賣竹竿，思索商業的本質

這一章以叫賣竹竿的謎團開頭，探討「如何才能創造利益？」這項商業的本質。這確實相當重要，也是建構會計概念的基礎，請務必牢記。

再複習一次，增加利益只有兩個方法：

① 增加營業收入

② 減少費用

再嘮叨一句，這可是一旦弄懂，好處多多的知識。

坊間教人賺錢的書汗牛充棟，大致加以分類，不外乎以上兩個觀念。

例如，以暢銷書《富爸爸窮爸爸》爲代表的類型，主張「藉由投資股票、不動產，讓收益[14]不斷成長」，談的是增加營業收入。而類似《拾取致富的黃金羽毛》那樣的書，鼓勵「去除無謂的成本」「透過節稅、節約，減少支出[15]」，談的則是減少費用。

這些教人賺錢的書，以及雜誌推出的致富特刊，追根究柢，其實很簡單，只要注意這兩點就夠了。

姑且不論叫賣竹竿的小販是否有意識到，他們做生意的方式，掌握了商業本質中的本質。或許就是因爲如此，儘管看起來老土，卻能長久存在於各地，永續經營。

懂會計的人很「小氣」

至於在企業以外，個人想提高利益時，「增加營業收入」和「減少費用」，哪一種比較容易做到呢？

「增加營業收入」的方法，像是更賣力工作、獲得升遷以增加收入[16]，或是週六、週日兼差賺錢。不過，這都需要時間，而且常常搞得人仰馬翻。

儘管坊間常看到類似以下的宣傳：「主婦也能靠股票月入三十萬日元」「加入聯盟行銷，睡覺也能自動賺錢」，但眞的去做並且一舉成功，除了努力再努力，還要靠運氣。現實社會沒那麼幸福美滿。

因此，想早點創造利益，「減少費用」是比較聰明的想法。

例如，節約飲食費、減少出遊、喝便宜的酒、不買車、住便宜的房子……經常做到減少費用，必定可以創造利益。

社會稱呼這類人爲「小氣鬼」。許多人對小氣抱持負面的看法，然而，就「創造利益」這個會計目的而言，小氣鬼的行爲才具合理性！

實不相瞞，我也是小氣鬼。我的行爲基準經常只有一個：選便宜的！

這是相當簡單而方便的標準。

例如，當晚餐有居酒屋、西餐廳……等選項時，我會毫不猶豫地選擇拉麵或牛肉蓋飯。在我的腦海中，一開始就不會出現昂貴的選項。

買電腦時，一開始就鎖定比較便宜的品牌，行動電話當然是買促銷門號用的「零元手機」，我對最新機種和名牌貨都興趣缺缺。

小氣對我而言，絲毫不覺得是痛苦，反倒是自得其樂。

節約必須考量絕對值

不過，這也只能在單身時爲之。

內人絕非奢侈，但也不喜歡小氣巴拉。長此以往，可以想見兩人在購物時必然意見相左。

於是，我想了又想，最後決定，凡是購買一萬日元以下的東西，我完全不過問，因爲節約必須考量絕對値。只要做到這一點，爭吵的次數應該可以大爲減少。

至於什麼叫「節約必須考量絕對値」，我們來看看以下的例子：

①用五百元買到一千元的東西。
②用一百萬元買到一百零一萬元的東西。

哪一種比較划算？

用五百元買到一千元的東西，感覺上多賺了一倍，的確，足足少了五〇％的折扣。

相對的，用一百萬元買到一百零一萬元的東西，折扣不到一％。一百零一萬和一百萬，在金額上也讓人覺得沒有多大差別。

但冷靜思考一下，你可是賺了一萬元！當這筆金額攤在眼前時，五百元的賺賠根本不是重點。

所以，我決定對購買一萬日元以下的東西，睜一隻眼閉一隻眼，不管划不划算，只過問大金額的消費。

也就是說，**削減費用不要考量百分比，應該考量絕對值**。

積土也成不了山

對金錢不採取這種態度的人，購買高價的東西時，往往心裡想：「一百零一萬和一百萬沒有多大差別，就買店員推薦的吧！」

購屋和婚禮的費用會越加越多，可能就是這種心理因素在背後作祟，加上店員不斷慫恿：「買房子是人生大事……」「婚禮一生就這麼一次……」於是乎便認為：「貴一點也無妨。」

這種人在超市購物，卻往往為了十元斤斤計較，實在有趣。

說到這裡，你或許會想罵我：「每天節省十元也很重要，所謂『積土成山』嘛！」

不過，即使每天節省十元，一年也才三千六百五十元。然而，一年只要節省一次一萬元，效果就遠遠超過。

也有人認爲：「平常小氣一點無妨，但偶爾也要奢侈一下。」這種想法相當危險。

例如，每天節省一百元，偶爾奢侈一下，花個五萬元，就如以下算式：

一○○（元）×三六五（天）－五萬（元）＝△一萬三五○○元
（△代表負數）

很遺憾，結果是赤字。

只徒有節約的念頭，卻不著重會計，這種性格的人，金錢上很容易出現赤字，不適合當經營者。

費用VS效果的謊言

針對我提出的「節約必須考量絕對值」，或許有人會反駁：「只要考量費用的相對效果不就好了！」

這裡所謂「費用的相對效果」，指的是買東西時先考量價格和效能是否相符。

這個意見確實是對的，但必須真正理解「費用的相對效果」才行。

對於經常在超市購買的商品，我們會知道：「這比在一般商店買便宜，比較划算。」

但是，對於平常較少買的家電或金飾等商品，價格要如何判斷？能不能相信店員提供的資訊呢？

例如洗碗機，店頭貼著「一年可省八萬日元水費」的宣傳海報，店員也不斷鼓吹節約成本的效果。

被這麼一提醒，一般人大概都會想：「一年可省八萬日元，那麼現在付八萬日元，一年不就賺回來了？」

這判斷基本上正確。

然而，一般人都不太知道洗碗機、電鍋、微波爐這類家電是非常耗電的。掌握著家電資訊的店員，當然不會告知這一點。

消耗掉的電力，不用說，會直接反映在電費帳單上。電費增加，節省水費便失去意義。

東京電力公司曾經在網站公布以上的實驗結果，並且下結論說：「使用洗碗機和手洗，總成本沒有差別。」（當然，手洗的個別差異也很大，這姑且不談。）

換言之，**資訊來源如果有偏差，就無法理解費用的相對效果。**

怎樣才不上會計的當？

會計是用來說服人的工具，但也可以成為騙人的工具。

的確，「八萬日元」這個數字有說服人的力量，但也有欺騙人的力量。這也是一般人要好好與會計爲伍的道理所在。

對於不熟悉的領域，要毅然忽視數字的存在。例如洗碗機，我們只要將「節省時間」和「占掉廚房很大空間」這兩個顯而易見的要素，擺在天秤上考量就夠了。

最後，再傳授一個不會被會計欺騙的方法。

對自己的家計狀況要有相當程度的了解，這是最強的防禦。

例如，現在手洗家裡的餐具，每個月的水費約八千日元，一年約九萬六千日元。

這樣光靠買一台洗碗機，一年就能省下八萬日元水費嗎？答案當然是否定的，水費不可能一年才一萬多日元而已。

要言之，只要知道家裡的水費是多少，便不會輕易掉入「一年可省八萬日元水費！」這麼單純的思考陷阱。

重點整理

企業以「繼續下去」為大前提

- 會計用語叫「永續經營」。
- 企業要繼續下去，必須要有「利益」。

企業首重「利益」

- 有時候企業即使沒有現金，也可以存活下去。
- 利益不能只看現金的流向。會計上的獲利指標，還必須估算賒帳、票據，以及工廠或機械等設備的流向。
- 營業收入－費用＝利益。
- 增加利益只有兩個方法：

- ①增加營業收入
  ②減少費用
  和「增加營業收入」相比，「減少費用」是比較聰明的做法。

創造利益必須講究節約之道

- 就「創造利益」的會計目的而言，「小氣鬼」是行為較具合理性的人。
- 節約要考量的是「絕對值」，而不是「百分比」。
- 資訊來源如果有偏差，就無法理解費用的相對效果。

怎樣才不上會計的當？

- 對於不熟悉的領域，要毅然忽視數字的存在。
- 掌握自己的家計狀況，是最強的防禦。

第二章

開在郊區的高級法國餐廳之謎

連結經營

疑點重重的法國餐廳

我家附近有一家法國餐廳。

再怎麼說，我家都不是鬧區，也不在商店街，從市中心要搭一小時電車，再從車站步行十分鐘，是以上班族家庭爲主的一般住宅區。然而，在這樣的住宅區正中央，很突兀地出現一家法國餐廳。

這家餐廳賣的可是如假包換的法國料理！店面不是很華麗，開在住宅大樓一樓，外觀裝潢極爲簡單，乍看之下還弄不清楚是什麼店呢！走近一看，入口處有擺菜單，這才明白：「喔，是法國餐廳啊！」

更令人驚奇的是菜單的價格，高得讓人不自覺大叫：「哇！這麼貴！」套餐一萬日元起跳，接著是一萬五千日元、兩萬日元……讓人不由得打退堂鼓。

至於生意是否興隆？看起來絕非車水馬龍。我家就在不遠的地方，時常經過店門前，完全沒看過客人進出。

「撐得下去嗎？會不會就要關門大吉了。」我忍不住替它擔心。

可是，它一點也沒有要倒閉的樣子。這還不打緊，我問附近的人，竟然說已經營業四、五年了。

它可不是在叫賣竹竿，爲什麼不會倒？還可以撐得下去？我完全想不透。

前言似乎說太長了，話說回來，在這一章，我想一邊探討「開在郊區的高級法國餐廳之謎」，一邊思索「連結經營」的結構。

你或許會想：「這兩者怎麼會扯在一起？」

這可有趣了，現在就立刻來揭曉謎題吧！

多道謎題

我們先整理一下謎題。

首先，是地理環境之謎——爲什麼這樣的住宅區會有法國餐廳？

如果是像東京的田園調布或白金台之類的高級住宅區，當然是另當別論，可是，明明就是普通到不行的一般住宅區，距離車站又遠，前不著村後不搭店，別說是商店街，就連麵包店、蔬果店和便利商店也沒有。這麼一間高級法國餐廳，竟然在住宅區裡突兀地出現。

而且，這家店也沒有面對著大馬路，不像一些西餐廳或速食店，可以讓車子停靠，當然也沒有停車場。

地理環境是個謎，價位則是另一個謎。

如果因爲地理環境較差，價格比市中心的法國餐廳相對便宜一些，那還可以理解。問題是，事實並非如此，價格竟然差不多，怎麼說都算貴。兩個人去，如果再開瓶葡萄酒，動輒要數萬日元。

不過，地理環境再差、價格再貴，如果料理好吃到有口皆碑，客人也會聚集。如今搞出名堂的拉麵店，即使位在距離市區數小時車程的偏僻地方，照樣大排長龍。只是，這家法國餐廳完全沒有口碑，當然也沒有在電視、雜誌上露過臉。

這家店看來似乎毫無可取之處。而且，四周沒有公司行號，不會有上班族去吃午餐，就算有，也會被那樣的價格（午餐三千日元起）給嚇跑。那麼，會是有錢有閒的貴婦上門吃午餐嗎？在這一帶也不曾看過那樣的人。

以一般家庭的晚餐消費來看也太貴，而且，即使在生日、紀念日等特別的日子，想要享用法國大餐，恐怕也不會選擇這家名不見經傳的餐廳。總括一句，它既不便宜，交通又不便利，更沒口碑。

交易原則：等值交換

做生意有個原則，那就是「等值交換」。

例如，在日本百元商店買的東西，如果剛買沒多久就壞掉，你會特地跑一趟跟商家抱怨嗎？頂多就是唸一句：「百元商店的東西，算了吧！」便不了了之。

但如果不是百元商店的東西，而是價值數萬元的東西，你會怎麼做？你可能會想：「花我幾萬元買的，豈有此理！」立即去找商家理論吧。

交易原則便在「百元商店的東西，算了吧！」和「花我幾萬元買的，豈有此理！」之間若隱若現。也就是說，我們確認了商品和價格相符，才會掏錢購買。所以，同樣是剛買沒多久就壞掉，反應卻截然不同。

如果忽視「交換具有相同價值的東西（現金、商品或服務）」這種必然的原則，生意便無法順利成交。

話說回來，高級法國餐廳的顧客一定也會確認東西是否物有所值，尤其對於高價商品要求更嚴格。因此，擁有「知名主廚」「夜景漂亮」「料理好吃」等口碑的餐廳，才能吸引客人上門。

這些餐廳通常位於市中心，而特地到市中心用餐，這個行爲本身也有作爲特別活動的價值。

因此，在郊區開高級法國餐廳，簡直就像在高檔店聚集的銀座開百元商店，堂而皇之做起無視交易原則的生意。而這樣的餐廳居然可以撐好幾年，實在有違常識。

忍不住一探究竟

有一天，我下定決心，要去這家撲朔迷離的高級法國餐廳一探究竟，而且，不是去吃午餐，而是晚餐。一想到為了解開謎底，得花好幾萬日元，就有一種完全被打敗的悔恨感。可是身為會計師，我不能對這家餐廳的經營型態視若無睹。

走進店裡一看，沒半個客人，大概是時間還早吧？環視店內裝潢，出乎意料地非常講究，高聳的天花板、透明玻璃隔間的開放式廚房、井然有序排列的葡萄酒瓶、婀娜搖曳的燭光。

我在擦得光亮的地板上咯吱咯吱地走著，心裡不禁想：「這裡的維持費用恐怕非同小可。」雞婆地替人家擔心起來。

而重點所在的料理方面，或許是完全使用有機蔬菜的緣故，的確相當美味，不過，還不至於好吃到會讓我到處替它宣傳說：「人間極品！三顆星！」那樣的程度。

原本是為了解謎而來，現在反倒在謎團裡越陷越深。

「莫非老闆經營餐廳純粹是出於興趣？」正當我興起這個念頭時，一對客人走了進來。

我側眼偷偷一瞧，兩人一副主婦模樣，好像和侍酒師很要好。

「他們原本就認識嗎？」我思忖著。

我趁用餐空檔去洗手間，沒想到，洗手間的牆壁上貼著一張將所有疑問瞬間解開的「答案」。

〈熱門課程！即將截止！〉

- **主廚親授法國料理課**
- **侍酒師親授葡萄酒課**

——第十三期招生公告

「答案！這就是答案！」

「高級」的道理所在

謎底全部揭曉。

法國料理課和葡萄酒課，月費約一萬日元。就學費而言，價格高了些，但招生狀況似乎不錯。法國料理課有兩班，葡萄酒課也有兩班，名額各十位。星期三爲開課日，每週都開新課。

簡單計算每個月的收入：

一〇（人）×四（班）×一萬（日元）＝四〇萬日元／月

除此之外，還收取一萬五千日元的入會費：

一〇（人）×四（班）×一萬五〇〇〇（日元）＝六〇萬日元

收取入會費完全無需支出費用，六十萬日元全屬利益。有這些收入，就足以維持餐廳的經營。

課程的招生目標，是白天比較有空的主婦，因此上課時間可以訂在中午過後至傍晚前，不會和法國餐廳本業的午餐及晚餐時間強碰。

而且，利用餐廳作爲教室，完全無需支出場地費，講師就是餐廳主廚和侍酒師，也可以減少人事費。

此外，開課還能培養餐廳的忠實顧客，學員和他們的親友應該偶爾也會來吃頓晚餐。剛才那兩位顧客想必就是這裡的學員，如此便不難理解爲什麼她們和侍酒師那麼熟了。

學員以附近的居民居多，不用考慮交通問題，所以，餐廳即使開在遠離車站或商店街的住宅區，也完全沒關係。

再說，這裡的「高級」也是一大賣點。比起在平價餐廳學習，跟高級餐廳主廚學習，會讓人覺得更划算、更有成就感。所以，沒必要刻意搞一家平價法國餐廳，價格可以訂高一些。

換句話說，這家餐廳的經營手法，迥異於市中心的「名店」法國餐廳。

連結思考

本業是法國餐廳，副業卻是料理教學和葡萄酒教學。雖然副業和餐飲服務業是完全不同的商業型態，然而，動腦筋將這兩者連結經營，就是這家餐廳存續的祕密所在。

換言之，**本業沒賺錢也無妨，只要副業有相當的利益，生意也做得起來。**

但是，如果因爲副業好賺，就索性將本業收起來，專營副業，那就本末倒置了。倘若這家餐廳只靠料理教學和葡萄酒教學，恐怕早就關門大吉。

正因爲是高級法國餐廳主廚和侍酒師親自授課，才值得學員撒錢下去。

這裡要說的，就是本業和副業不可切割開來，必須互相連結。因爲有本業，副業才能存在；同時，也因爲有副業，本業才能存在。

唯有將它們連結起來，才能產生相乘效果。

倘若因爲本業的法國餐廳做不起來，便動腦筋在假日兼賣拉麵，或是因爲店裡有現成的鋼琴，便在平日推出鋼琴教室，弄一些八竿子打不著的玩意兒，恐怕也是回天乏術，可以預見兩者很快就會收攤。

連結本業和副業的經營理念，這在會計上稱爲「連結經營」。

許多賺錢企業都在做連結經營

我們經常聽到合併決算[17]這個會計用語，日本則稱爲連結決算。這裡，我們來談談連結經營，針對「經營與本業密切相關的副業」做個探討。

日本鐵路公司從早期便在鐵道沿線建構住宅區或遊樂園，試圖增加利用鐵路的人口，這也算是連結經營。

東急、小田急、名鐵、阪急、西鐵等鐵路公司，都在鐵道路線的終點設立百貨公司，爲的就是希望賺到乘客一家大小的車票錢。

日本的樂天、Livedoor兩家網路企業致力收購證券公司，理由不單是因爲網路股票交易盛行，有利可圖，另一方面，還寄望投資家能利用它們本業的網路服務，期待相乘效果。

SONY經營音樂和電影事業，也是企圖連結音響、電視、DVD播放機等產業。

新日本製鐵公司有一家名爲「新日鐵Solutions」的子公司，是一家大型資訊系統管理公司，主要服務金融機構和官方機構，實力堅強。「製鐵」和「資訊系統管理」乍看之下似乎毫無關連，其實這正是運用了由製鐵所發展出來的高度資訊技術。

鑄鐵必須在數千度高溫的熔爐中熔解原料，管理上，以往都是靠技師的直覺，現在則仰賴精密的電腦來完成。而且，一旦熔爐點上火，便要二十四小時不停歇地運作好幾年，因此，電腦系統必須具備相當高的可靠度才行。

這種由鑄鐵孕育出來的技術，和金融機構、官方機構的資訊系統有著相通之處，同樣都必須具備相當高的可靠度。

所以，企業應經常思考：**「有沒有能為公司帶來相乘效果的新事業？」「有沒有可以利用公司現有技術的新事業？」**

這種經營理念和法國餐廳構思出來的料理教學、葡萄酒教學副業，並沒有什麼不同。

再舉一個生活上的例子，學校、公園等公共場所，通常都會擺設自動販賣機，這不單是服務民眾，也可以作爲不無小補的收入來源，算是不錯的副業。

「週末創業」也屬於連結經營

藤井孝一在《大人的週末創業》一書中推廣的概念，就是不辭去原本工作，利用週末時間創業。方法是善用和自己的知識或嗜好等長處，從事網路銷售等副業。基本上，這也是連結經營的概念。

順利的話，錢越賺越多，也越開心，而且本業和嗜好都可以持續下去。

反過來，倘若在週末或平日晚上從事和本業、嗜好完全無關的副業，既無樂趣又累積壓力，大多無法長久持續。

許多人都夢想當小說家，但除了腦子裡已經有非寫不可的題材的人以外，「不管內容是什麼，反正就是要寫小說」的人所寫出來的東西，幾乎不會被採用，縱使作品問世，也完全賣不出去。

運用連結經營的概念，假設你在家電量販店上班，寫這一行的內幕，或形形色色顧客的故事，或家電相關知識等和本業有關的事情，這當中就有專屬於你個人的眞實性，當然也就有所謂的原創性。

我所寫的小說《青春女會計師事件簿》，也是和我的本業連結性很強的書。同樣是寫小說，寫和自己本業有關的東西較具說服力，也可以更客觀地認識自己的工作，必然會產生相乘效果。我在做會計工作時，便時常浮現這樣的念頭：「啊！這可以當作小說題材！」

或許，現在就有什麼可以當作副業的素材在你周遭圍繞著，記得想想如何和本業連結。

投資股票之道

「我沒有做網路銷售或寫小說的才華！」對於這類的人而言，也有可立即上手的副業，那就是投資股票。

「投資股票不就是賭博嘛！和自己的知識或嗜好有什麼關係？」或許有人會這麼認為。

但是，在你工作的業界，憑你的直覺，難道沒有出現過「嗯，這家公司很有搞頭」或「那家公司快完蛋了」這類的判斷嗎？平常難道沒有類似的訊息跑進你的腦袋嗎？

沒錯！可以運用自己的工作經驗，挑戰股票投資。不過，如果買的是自家公司的股票，可別涉及內線交易[18]。

如果不是自己工作的業界，投資感興趣的產業也不錯。

喜歡電影的人，是不是也會好奇電影發行商的業績？喜歡飛機的人，閱讀航空公司的消息，不也是樂事一件嗎？

而且，買電影發行商或航空公司的股票，有機會拿到充當股利[19]的電影優待券或免費機票，正是所謂的一石二鳥。

還是學生的人，可以將求職期間取得的公司資料，運用在股票投資上。我也在求職期間徹底研究過自己第一志願的業界，想先弄清楚「有搞頭的公司」和「沒搞頭的公司」。（雖然後來辭去了我認爲「最有搞頭」的公司。）

如何落實「低風險・高報酬」？

在開始副業或投資股票之前，有一件事必須注意，那就是「低風險・低報酬」和「高風險・高報酬」的概念。

的確，這在金融界通常是正確答案。

但是，現實世界經常不按牌理出牌，有時候，確實會有「低風險・高報酬」或「高風險・低報酬」的情形。

優秀的企業必然追求「低風險・高報酬」。

怎麼說呢？當企業應用自家公司擅長的領域，投入其他相關的領域時，當然是希望在獲得高報酬的同時，也能顧及低風險，因此會先決定預算的上限，再投入資金。萬一失敗，也可以將損害控制在預算範圍內，降低風險。

預算的概念也可以應用在個人理財上。個人投資副業時，一開始也應該訂定預算，將投資控制在預算範圍內。

許多個人投資之所以陷入困境，原因就在於投入了超乎當初預算的資金。

如果換成企業，一旦超過預算，就會遭到管理部門或其他部門的阻擋，沒辦法不顧一切地投入資金。不過，個人卻不受這方面的制約，因此非常危險。對於喜歡冒險犯難的人，或許覺得無所謂，然而，萬一破產連累別人就不太好，還是要適可而止。

總括一句，**所謂的「低風險．高報酬」，就是在擅長的領域上，進行預算內的投資**。

連結經營也是同樣的概念，最重要的還是本業，沒必要爲副業背負高風險。

重點整理

交易原則：等值交換

- 等值交換＝交換具有相同價值的東西（現金、商品或服務）。

做生意要連結思考（連結經營）

- 本業沒賺錢也無妨，只要副業有相當的利益，生意也做得起來。
- 本業和副業不可切割開來，互相連結是定律。
- 連結經營＝經營和本業密切相關的副業。
- 企業應經常思考：「有沒有能爲公司帶來相乘效果的新事業？」「有沒有可以利用公司現有技術的新事業？」
- 「週末創業」也是連結經營的概念。

↓個人副業也要連結思考，這是定律。

投資之道

- 投資股票也要連結思考。

↓運用自己的工作或嗜好做投資。

- 優秀的企業必然追求「低風險．高報酬」。
- 所謂的「低風險．高報酬」，就是在擅長的領域上做預算內的投資。
- 個人投資一開始也應該訂定「預算」。

第三章

庫存充斥的生機飲食店

庫存與資金周轉

發霉的雙排扣西裝

有一天，我剛回到家，就看到老婆橫眉豎眼站在客廳。

「你看！衣服發霉了！」

我正訝異發生什麼大事，原來是我長年掛在衣櫃的雙排扣西裝出了狀況。

這套衣服好久以前買了之後，只穿過幾次而已，心想以後可能還有機會穿，就捨不得丟。而且才穿過幾次，也沒送洗，便一直擺著。儘管有點過時，因爲是花不少錢買的，該丟的時候捨不得丟，便成了我家衣櫃的呆帳[20]。

現在既然發霉了，也只好丟棄，不過還是覺得有點捨不得。沒錯！我就是標準的「窮酸佬」。

相反的，老婆是斷捨離達人，早在西裝發霉之前，她就叨唸著：「這種衣服丟了吧！反正已經穿不著了。」不過，我回一句：「這也要丟，那也要丟！」硬是拒絕。

老婆處理書和雜誌素來快刀斬亂麻，化妝品也是不用就立即丟棄，完全不會想：「哪天用得上，就先擺著吧。」另一方面，我本人則是屬於連報紙、買便當附的紙巾都要留的那種類型，和老婆正好是死對頭。

但是，**以會計的觀念而言，不用的東西立即丟棄，是既合理又有效率的「正確方法」**。

雙排扣西裝，就會計而言，是所謂的滯銷庫存[21]。而對企業來說，別說是滯銷庫存，就連庫存[22]也要越少越好。你知道爲什麼嗎？

這一章在探討答案的同時，也一起來思考何謂「資金周轉[23]」。

庫存充斥的生機飲食店

爲了更具體探討庫存的問題，我想談談在我以前住的地方，有兩家生機飲食店的故事。

這兩家生機飲食店都是在有機食品、無添加食品風行時期，如雨後春筍般林立的眾多商店之一，也都順利地「永續經營」。它們雖然不至於像前面提到的法國餐廳那樣充滿謎團，但也是那種幾乎看不到客人上門的神祕商店。

這兩家商店的共同點，就是商品的種類和數量出奇地多，從店外都看得到走道和樓梯堆滿商品，連走動都不太方便。

對客人來說，商品種類豐富當然便利，不過，萬一沒客人，這些東西就不算是賣得出去的商品，而成了賣不出去的庫存。做生意當然都希望庫存越少越好，甚至可以說「庫存即罪惡」。

為何有庫存即有損失？

爲什麼做生意都希望庫存越少越好？

舉例來說，食品擺放時間長了，失去新鮮度便無法再銷售，也就是有所謂的保存期限。而食品以外的商品，退流行、損壞的危險性也是與時俱增，甚至可能因爲某些閃失而弄丟或被偷。

這些損失[24]，會計上稱爲存貨盤損[25]。

其次，還有人事費。管理庫存需要人手吧？而且也必須花時間確認庫存是否堪用。

當然，場地費也少不了。倘若租用倉庫，就有倉庫租金。縱使擺放在店裡，也會占據其他商品陳設的空間。

如果能盡早出清即將淪爲庫存的商品，便可以省下成爲庫存之後必須支出的人事費和場地費。把這些錢存起來或拿去投資，或許可以增加收入。

「如果當初能運用省下來的錢……」這雖然只是一種假設的前提，但會計上卻直接視爲「喪失應得利益」，稱爲機會損失[26]。損失有好幾種，這也算是一種（機會損失在第四章會再詳述）。

如上所述，有庫存即會產生各種損失，這些損失統稱爲「庫存成本」。一般認爲，做生意應盡量減少這種成本。

當然，完全沒有庫存，也會錯失賺錢良機，因爲搶手商品都已經賣完，沒有存貨了。

要言之，**庫存多了不行，少了也麻煩，抓準數量相當重要。**

豐田的「看板方式」厲害在哪？

近來，許多公司都利用資訊技術來調整庫存量。

例如，日本最大休閒服飾品牌UNIQLO，每賣掉一件商品，會立即透過網路傳送資訊至工廠，再製造一件新商品，採用這種方法，維持一定的少量庫存。此外，在店面陳列上也下了功夫，讓商品的數量看起來比實際要多，盡可能以少量庫存撐住門面。

我想許多人都知道，豐田汽車採取「看板方式」的生產管理方式，堪稱豐田汽車業績大躍進的核心利器。

所謂的「看板方式」，就是在製造汽車的過程中，下游生產線會利用「看板」，對上游生產線下「請給零件」「請給材料」等指示，像是玩傳話遊戲一樣。

或許有人會認爲，只是這樣有什麼好厲害的？其實，**傳話的同時，也是在傳達「只在必要時刻，生產必要數量的必要商品」的指示**。因此，基本上各生產線都不會出現庫存。

汽車從開始製造到完成、出貨，會歷經許多流程，各生產線一旦出現庫存，就需要場地和管理費，所以，這個方法可以說具有劃時代的創新意義。

可別小看財務部

庫存最大的麻煩，在於貨品賣不出去，沒有收入時，還是得支付先前進貨的貨款。

沒有現金收入，卻有現金支出，這是很明顯的損失。

換句話說，只要有庫存，就會帶來損失。滯銷的庫存有多少，錢的損失就有多少。

有些公司倒閉的原因是「出現大量庫存」。並不是因爲大量庫存造成店裡堆滿商品，害客人進不來，所以才倒閉。（任誰都知道不是這麼回事吧？）

東西沒賣完，當然表示營收減少，但這也和倒閉的原因沒有直接關係。

和倒閉有直接關係的，只是因爲到了支付貨款的日期，付不出錢，這稱爲「資金短缺」。

庫存造成資金短缺

一月一日	進貨一百件一元商品		
一月期間	賣出零件商品	現金收入	〇元
一月三十一日	支付貨款一〇〇元	現金支出	一〇〇元
	↓	現金	△一〇〇元
		庫存	一〇〇元

說「資金短缺」是比較好聽一點，它和赤字或黑字無關，只是單純付不出錢而已。不論大企業或中小企業，一旦資金短缺，通常只有倒閉一途。

大企業都有編制財務部，這個部門可不單是向銀行借錢的窗口而已，還要精細計算何時向銀行借多少錢、還多少錢，資金才不會變成負數，每天都要費心不造成資金短缺。

或許有人會認爲：「要避免資金短缺，多借一些錢或多存一些錢，不就得了嗎？」

然而，事情可不是這麼單純。

多借一些錢，利息當然必須多付一些，這就影響到利益。多存一些錢，股東又會施壓：「錢太多，應該發股利，或是做高獲利率的轉投資。」

換句話說，**想辦法達成「維持最低限度資金」這種高難度任務的部門，就是財務部**。

之前曾經小看財務部，認爲他們不就是將錢進進出出的讀者們，請重新給予評價。

票據是什麼？你答得出來嗎？

現在來談談如何避免資金短缺。

當然，向銀行借錢度過難關，也不失爲一種方法，不過，這是次佳策略。最佳策略，可以化約成以下的格言：

給錢要慢，收錢要快。

首先，支付貨款的錢要慢點給。

有些買賣付款條件會載明「月底結帳，次月付款」，這表示從結帳到付款只有一個月的寬限期。倘若變更爲「月底結帳，次次月付款」，就有兩個月的寬限期。

說到支付貨款，常聽人提到票據，也有人會想：「到底那是什麼玩意兒？」

所謂票據，即是將付款期限往後延的工具。

票據是一張比紙鈔稍大一點的紙，上面通常寫著諸如「○月○日支付一○○萬元」或「△月△日支付一○○○萬元」，在結帳日前將票據交付給貨主，以延長付款期限。

其實，票據最大的功能，就是延長付款期限。同時，在這段期間努力提高營收或向銀行借錢，想辦法籌措資金。

免利息的資金周轉法

爭取慢點付款之後，接下來，要盡快收錢。

這裡所謂的收錢，並非收回借出去的款項，而是指貨品賣出去，但尚未拿到貨款，要盡快收回這些貨款。

或許有人會想：「豈有貨品賣出去，尚未拿到貨款的道理？」

然而，坊間大半的公司都是先銷貨，收到貨款則是在好一段時日之後。銷貨至收到貨款之前的狀態，叫「賒欠」。

賒欠的期間由買賣雙方決定，爲了盡早回收，就要協商將期間盡量縮短。

看看下面的例子，這不只是將回收日提早一個月而已，還形同免利息借錢一個月。

以狀況①來說，倘若經營者在一月三十一日無論如何都需要一百元的話，只能另外跟別人借錢，而借錢當然會產生利息。

但是，倘若能將回收日提早一個月，也就是狀況②，便可以不費功夫地在一月三十一日拿到一百元。這在經營者之間，稱爲「無息借款」。

沒有比無息借款更有效的資金周轉法了。

提早回收＝無息借款

〈狀況①〉兩個月後收回貨款

一月一日	賣出一百件一元貨品	現金收入　〇元
一月三十一日		現金收入　〇元
二月二十八日	收回貨款	現金收入一〇〇元

〈狀況②〉一個月後收回貨款

一月一日	賣出一百件一元貨品	現金收入　〇元
一月三十一日	收回貨款	現金收入一〇〇元
二月二十八日		現金　一〇〇元

為什麼會有賒欠的生意？

「爲什麼要賒欠呢？用現金交易不是很好嗎？」或許有人這麼想，不過，事情也不是那麼簡單。

以個人來說，在同一家店買東西，最多也不過一天幾次吧？

但是，公司之間，有時候一天內會和同一個對象交易幾十次、幾百次。例如將零件出貨給汽車製造廠的公司，如果每次都用現金交易，不但麻煩，而且準備一張張的請款書或收據也挺費事的，因此，通常會採月底結帳，一次支付。

賣出貨品的同時可以收到貨款的行業，恐怕只有以個人爲交易對象的零售業和服務業吧？這些行業被稱作「現金生意」，羨煞其他許多行業。

因爲當場收到錢，就不用承受「對方指稱有瑕疵，遲遲不付帳款」或「對方還沒付清帳款就倒閉」的風險。

像日本崇光百貨、大榮超市這種連鎖零售業，一旦垮台，立即有公司出手收購，一大理由便是：「現金交易，再怎麼樣也可以搏一搏。」因爲零售業是資金短缺危險性較少的行業。

討人喜歡的付房租方式

經營者天天都在煩惱：「資金會不會短缺？」「有沒辦法早點收到貨款？」

談一件題外話，以前，一位會計師前輩教我一種與經營者習性反向操作的付房租方式。

方法就是，每次繳給房東的房租不止一個月份，而是一次給兩個月份、三個月份。

或許你會想：「就這麼簡單？」

沒錯，就是這麼簡單。這樣就能大幅提升房東對你的印象，不僅建立良好關係，還可以獲得許多方便。

因爲房東經常擔心：「房租會不會收不到？」「房租要是遲遲不繳，催租或趕人都是麻煩事。」

這時候，房客一口氣付兩個月份、甚至三個月份的房租，便可以解除房東的顧慮。

長期這麼做，房東會想：「這個人還滿讓人安心的。」「看來不用擔心會遲繳房租。」就算偶爾忘記繳房租，房東也會很體諒地等待。

房東就曾經對我說：「感謝你每次都多付那麼多。」還三不五時送我好吃的東西和啤酒呢！

其實我並沒「多付」，只是「早付」罷了，但切身感受到它強大的功效。

附帶一提，一次給三個月份的房租，付給銀行的轉帳手續費，由三次減爲一次，也算是一種節約。

為何庫存堆積如山，資金仍無短缺？

話題扯太遠了，回到生機飲食店吧！

爲什麼這兩家庫存堆積如山的生機飲食店還撐得住呢？應該會有庫存成本太高，資金短缺的危險性才對呀？

謎底在我訪查這兩家商店後，即告揭曉。

其實，這兩家商店主要都是做網路宅配的生意，店鋪反而是充當現成的庫存場所。

既然是做網路生意，商品種類若不比普通商店多，便無法呈現特色，所以商品才會堆積如山。包含人事費和場地費在內的庫存成本，遠比租用倉庫來得便宜、划算。

為何整年都在特賣？

雖然這兩家生機飲食店的生存之道，在於懂得活用庫存，但是絕大多數的商業，還是努力在減少庫存。

例如，百貨公司一年到頭都有服飾大拍賣，並不是爲了藉由降價招徠更多顧客，而是希望把當季的商品賣完。

至於拍賣的商品爲何以服飾居多？原因是服飾的流行變化很明顯，退流行的危險性非常高。家電則不太舉行拍賣，因爲流行變化很慢。

此外，服飾蒙受蟲害的可能性也極高，總而言之，庫存成本居高不下。

店面搬遷或改裝所做的清倉大拍賣，基本上，和服飾大拍賣的考量如出一轍。將商品打包、運到新店面，即所謂的搬運費相當可觀，當然要在搬遷之前盡可能把商品賣掉。

其他減少庫存的代表例：

- 福袋
- 店長推薦．主廚推薦
- 改裝開幕大優惠（常用來促銷清倉大拍賣的存貨）

減少庫存的終極戰略——訂單生產

做生意通常會考量庫存成本，有所謂的供應鍊管理[27]，這是從工廠到批發業，乃至零售業，通力合作解決庫存的理念。

例如，進行商品的單品管理，透過網路，將銷售狀況立即傳送給工廠，工廠只生產現在賣得掉的商品，無須生產滯銷品，因此不會增加多餘的庫存。

減少庫存的終極型態，就是訂單生產[28]。

有訂單，意味著這數量的貨品確實賣得掉。接到訂單後再著手製造，完全不會產生庫存。

只不過，訂單生產也有不能立即將商品送交客戶的缺點。

因此，實行訂單生產的全球最大個人電腦品牌戴爾，正在規畫設置僅需數日即可完成生產、販售的生產線，試圖解決這項缺點。

會計版「斷捨離」

這種觀念並不限於商業，也能應用在一般家庭。

家裡如果有用不到的東西，就會產生「庫存成本」。

以我那件發霉的雙排扣西裝爲例，將沒機會再穿的雙排扣西裝當成庫存保存，結果導致衣櫃發霉，可能連經常穿的衣服都會報銷。事實上，參加喪禮用的西裝就掛在那件雙排扣西裝旁邊，它也染上霉菌，這種衣服是絕對必要的，因此還增加了新購的成本。

一些類似「可能還會用到」的東西，往往都是沒有用的，它們既占空間（場地費），又必須花力氣整理或丟棄（人事費）。房屋裝修或搬家時，東西太多也很傷腦筋。

因此，**「減少庫存以避免損失」的概念，也應該在家裡實行**。

不管是書、雜誌、衣服或一些日常備用品，如果不考量庫存成本，東西就會一直堆積再堆積，等到要處理時，已經爲時晚矣。

不少人家裡冰箱一打開，會發現裡面塞滿了幾個月前買來只用過一次的美乃滋、湊整數買比較划算的洋蔥。這些東西擺著不吃，最後腐爛，可能連其他食物也跟著遭殃，還會增加電費。

我可不是在說我老婆喔——但是家裡用不著的東西，最好還是立即丟棄。

要馬上養成這個習慣或許不容易，不過，訂下一些時限，例如「一個星期沒用到就可以丟掉」「一個月沒翻閱便可以丟掉」之類的，應該就能毅然捨棄了。

不只是有保存期限的食品，有些製造業的生產現場，也有規定「六個月沒使用的材料請移至滯留庫存倉庫」「一年沒使用的材料請廢棄」。

只在必要時刻，購買必要數量的必要商品

一旦養成「庫存即罪惡」的觀念，買東西的行為也會發生改變。

例如，想買的東西有「一個一百元」和「五個四百元」之分，單價算起來是一百元和八十元，似乎買五個比較划算。

但是，最後往往只用到兩個，留下三個變成庫存，反倒划不來。因爲不但多花了兩百元，還要花力氣處理用不到的東西，簡直浪費。

許多倒閉的企業，肇因於大量進貨，其模式不外乎：進貨賣不完，導致庫存堆積如山，貨款又付不出來。在籌不出錢的情況下，只能賤價抛售，形成大赤字。

因此，我們應該經常提醒自己，有時候，即使貴一些，**選擇單價高的反而划算**。

如同豐田汽車的「看板方式」，只在必要時刻，購買必要數量的必要商品，最後可能是最划算的。

重點整理

「庫存」越少越好

- 爲何有庫存即有損失？
  ↓因爲有「庫存成本」。
- 庫存成本的代表例：
  ①保存期限
  ②退流行
  ③損壞
  ④弄丟或被偷
  ⑤人事費
  ⑥場地費

⑦機會損失

（①~④的損失，會計用語稱爲「存貨盤損」。）

● 庫存最大的問題，在於有「資金短缺」的危險。

↓貨品賣不出去，沒有收入的情況下，還是得支付先前進貨的貨款。

資金短缺及避免之道

● 到了支付貨款的日期，付不出錢。

↓資金短缺。

● 一旦資金短缺，企業通常只有倒閉一途。

● 資金短缺的避免之道——給錢要慢，收錢要快。

● 給錢要慢，就要使用「票據」。

（所謂「票據」，即是將付款期限往後延的工具。）

● 爲了早日回收，要將賒欠的期間盡量縮短。

（銷貨至收到貨款之前的狀態，叫「賒欠」。）

● 坊間大半的公司都是先銷貨，收到貨款則是在好一段時日之後。
● 賣出同時可以收到貨款的行業，只有以個人爲對象的零售業和服務業。
● 這些行業被稱作「現金生意」，是資金短缺危險性較少的行業。
● 提早回收貨款，形同借錢免利息。
● 延遲支付貨款，亦形同借錢免利息。

減少庫存的方法

● 減少庫存的代表例：
①換季大拍賣
②清倉大拍賣
③福袋
④店長推薦・主廚推薦
⑤改裝開幕大優惠
●「看板方式」是指，「只在必要時刻，生產必要數量的必要商品」的傳

話遊戲。

- 減少庫存的終極型態——訂單生產。

家庭的庫存概念

- 一些「可能還會用到」的東西，往往都是沒有用的。
- 「減少庫存以避免損失」的概念，也應該在家裡實行。
- 用不到的東西，最好立即丟棄，當斷捨離達人。
- 訂下時限，就能毅然捨棄。
- 有時候，買東西選單價高的反而划算。
- 「只在必要時刻，購買必要數量的必要商品」最划算。

第四章

銷售一空 卻被臭罵一頓！

機會損失與財務報表

某超市發生的故事

超市職員A先生看著眼前的推車，不禁露出微笑。因爲他從企畫、進貨到銷售一手包辦的「秋季味覺極致便當」，賣得實在太好了。

當天進一百個便當，才過中午，推車便空空如也。按照這樣的情況，一星期的特賣會，很簡單就可以達成五百個的目標數字。

更令人興奮的是，傍晚總經理要來視察！

「總經理看到空蕩蕩的推車，可能不只稱讚，說不定還會幫我加薪呢！」A先生越想越開心。

傍晚，總經理果眞帶著幕僚來到店裡，而且，一如A先生所期待的，在空蕩蕩的推車前佇足。

總經理看著「全數售完，謝謝惠顧！」的告示牌，問道：「這什麼時候賣完的？」

機會來囉——A先生一臉得意，大聲回答：「才過中午，就全部賣光了！」

沒想到總經理額頭浮起青筋，說：「混帳！你腦袋是怎麼想的？」

「嗯？對、對不起。」

「你懂什麼叫做生意的基本常識嗎？」

「？」

原以為會被大力稱讚的，沒想到突然挨一頓刮。A先生滿頭霧水，心想：「我到底做錯什麼得罪他？」

在這一章，我們就一邊探討可憐的A先生被罵的原因，一邊研究什麼叫「機會損失」，什麼叫「財務報表」。

抓不準時機，便做不成生意

生意的基本，在於「抓準時機」，也就是在顧客有需要的時候，提供他想要的東西。

或許你認爲這是廢話，但它可眞是件困難的任務。

例如，當你覺得「肚子有點餓」「今天晚上可眞冷」的時候，赫然發現車站前有個拉麵攤，想必會加快腳步衝向前去。這就是典型的「抓準時機」的商業現場。

如果拉麵攤所在的地方多爲飽食之士，或是時值炎熱的盛夏中午，拉麵攤恐怕吸引不了顧客。

叫賣竹竿的小販和開在郊區的高級法國餐廳，之所以成謎，也在於他們不在乎販售時機。

此外，日本的商店街之所以式微，人潮都往大型超市和購物中心聚集，一大原因就是這種大型商店，商品種類豐富、數量充足，很輕易就可以在想要的時候，買到想要的東西。這也是「抓準時機」的標準案例。

有眼力，才不會錯失販售時機

現在把話題轉回A先生的故事上。

挨一頓刮，滿頭霧水的A先生，決定直接向總經理詢問原因：

「請問，我哪裡做錯了？」

「因爲你Chance Loss。」

「嗆、嗆死……什麼？」

「Chance Loss！」

總經理說的「Chance Loss」是什麼？

就是會計上所謂的「機會損失」。

A先生爲進貨一百個、賣掉一百個而沾沾自喜。然而，倘若進貨兩百個，就有機會賣掉一百二十個或一百五十個……說不定還可以賣更多呢！因爲才過中午就賣掉一百個，一整天下來，或許就可以賣到兩百個。

A先生因爲商品銷售一空，失去新的銷售機會，也就是錯失販售時機。如果是公司內部使用的會計，也就是「經營會計」，便會一五一十地以數據記下錯失販售時機的損失。

對一般人來說，商品銷售一空應該值得高興，然而，在會計上，則是「機會損失」，不算是好事。

在此，補充說明經營會計。相對於法律上規定以公開爲前提的制度會計，企業爲經營之便，在內部使用的會計，稱爲「經營會計」。

也就是說，企業使用的會計有兩種：依照法律規定的基準編製，所有企業通用的「制度會計」，以及企業內部使用的「經營會計」。

「經營會計」是日本會計學家金兒昭先生提倡的用語，英文「Management Accounting」，一般稱爲「管理會計」。不過，我認爲「經營」比起「管理」，在會計上更具前瞻性，因此稱爲「經營會計」比較貼切，相信持這種看法的應該不只區區在下。

有時候，會計上會以這種方式來評價銷售成果：賣掉一百個，機會損失五十個，一百個減五十個，形同只賣掉五十個。從會計的觀點來看，拚了老命賣掉這一百個，實在不知道是爲了什麼？

因此，A先生如果懂得做生意，想獲得總經理的讚賞，進貨數量必須是預估的最大銷量再加一〇%。

只不過，能夠精準預估最大銷量，並且多進一些，要具備這種「眼力」，在任何行業都是超級困難的。這也是負責進貨的人頭痛所在。

在此提醒讀者們，**就會計觀念而言，商品賣不完是一件很可怕的事，但商品銷售一空，也是同樣可怕。**

「全數售完，謝謝惠顧！」其實既不值得高興，也不算什麼豐功偉業。如果有閒暇沾沾自喜，爲什麼不再多進點貨來賣呢？

切勿滿足於「銷售一空」

「機會損失」的概念，不只適用於做生意，如果能活用在日常生活中，也是好處多多。

以前，我和友人決定一起參加簿記[30]三級檢定考，當時有人建議我們，既然要考三級，爲什麼不再多拚一點，同時考二級呢？

「好！那就同時考二級吧！」我決定拚一拚。

不過，友人說：「這次我不考二級。」只參加三級檢定考。

結果，我順利考上二級和三級，友人只考上三級。後來就有了差距，當我考上簿記一級時，他考上二級；當我考上會計師時，他才剛考過簿記一級。

我並非要吹噓，而是想表達，**既然要做，就把目標盡量設到最極限**。

最先浮現的動機，就是「機會」。千萬不要眼睜睜地放過難得的幹勁和機會。

如果我一開始認定考三級就夠了，便無法有效活用難得的幹勁，限制了自己的機會。

而且，設定的目標太低，中途必定會想：「這樣就夠了吧？」如此一來，或許你會認爲已經做到預期的程度，因此應該是加分，然而，在會計上，這很明顯是負分。

不可以像A先生賣便當那樣，滿足於「銷售一空」或「客滿」。**為了避免機會損失，必須將目標再往上設定。**

考量機會損失，再設定目標

例如，減肥或儲蓄，這是每逢年終、年初，或是換季時，幾乎每個人都會設定的目標。這時候，請務必應用機會損失的概念。

當然，目標定太高也不行，難得的幹勁會遭到挫折。訣竅在於，**設定比自己認為應該可以實現的界限再稍微高一些的目標。**

假設有一個想瘦三公斤的人和另一個想瘦十公斤的人，最後，想瘦三公斤的人順利達成目標，想瘦十公斤的人盡了一切努力，最後只瘦了八公斤。誰瘦比較多？不用說，當然是瘦八公斤的人。

也就是說，不必考量「勝負」或「成敗」，只從自己設定的目標是否恰當的觀點去衡量。

達成目標本身並沒有太大意義，因爲可能一開始目標就定得太低了。成功瘦三公斤的人，說不定其實可以瘦五公斤、七公斤呢！所以，與其受到祝賀：「恭喜！」還不如得到一句鼓勵：「再接再厲！」

現實上如何計算機會損失？

讓我們來看看，現實上，會計如何計算機會損失。

B先生在地點良好的國道沿線經營一家餐廳，每個月有五百萬日元的利益。

不幸的是，得知一年後，有家大型連鎖西餐廳，將緊鄰B先生的餐廳開張。因此，B先生已經和房屋仲介公司談好，一年後要賣掉這間店面。

有一天，經營顧問登門拜訪B先生，提出這樣的建議：「如果你狠下心來改裝餐廳，營業收入可以成長一倍。」

B先生立即著手研究，並請裝潢公司來估價。結果，裝潢公司的報價是三千萬日元。

「三千萬日元的改裝費，六個月就可以回收。營業時間還有一年，足夠回本了。」B先生這麼想，便決定改裝。

沒想到，房屋仲介公司聽到要改裝的消息，急忙趕來找B先生，提出警告：「不改裝的話，買主還可以轉租，賣四千萬日元沒問題。一旦改裝，沒辦法轉租，恐怕賣不出去。」

B先生到底該如何是好？

B先生的餐廳

目前每月利益	五〇〇萬日元
改裝後每月利益	一〇〇〇萬日元
改裝費	三〇〇〇萬日元
店面出售價格（不改裝）	四〇〇〇萬日元
（改裝後）	〇日元

當然，以上的假設把事情單純化了，在計算金錢損益時，情況通常複雜得多。

至於改裝好呢？還是不改裝比較好？這可以從會計層面來判斷。

一般是如此計算：

〈改裝的結果〉

五〇〇萬日元×一二個月（增加的利潤）－三〇〇〇萬日元（改裝費）

＝六〇〇〇萬日元－三〇〇〇萬日元
＝三〇〇〇萬日元

改裝要花三千萬日元，但改裝可以增加六千萬日元的利潤，因此，最後似乎可以獲得三千萬日元的利潤。

不過，B先生的情況，還得付加改裝後店面出售價格變成零的條件。這個附加條件便是機會損失。因爲改裝後將失去以四千萬日元賣掉店面的機會，所以計算時要扣除。

〈扣除機會損失〉
五〇〇萬日元×一二個月（增加的利潤）－三〇〇〇萬日元（改裝費）
－四〇〇〇萬日元（機會損失）
＝六〇〇〇萬日元－三〇〇〇萬日元－四〇〇〇萬日元
＝△一〇〇〇萬日元

這樣計算才正確。

於是，我們從會計層面引導出以下的結論：改裝會「負」一千萬日元，最好不要改裝。

像這種爲了做出決策而使用的會計，稱爲「決策會計」。

「機會損失」的概念，並非將實際得不到的東西當成「零」計算，而是當成「負」計算。

會計是將無形事物數字化的學問

以下要談的有點難，要是讀來覺得吃力，請跳閱無妨。

在我學習會計的那段期間，深深覺得：「會計是一門不僅看浮出水面的冰山一角，還要將水中看不見的部分數字化的學問。」

在會計的世界中，處理的事物本來就以無形的居多。

財務報表有五個要素：資產[31]、負債[32]、資本[33]、費損和收益。其中，負債、資本、費損和收益，都是無形的事物。

例如，資產的代表「現金」，是紙鈔、硬幣等有形的事物。但是，負債的代表「借款[34]」，僅是「償還金錢的義務」，沒有可見的形體（當然，會有借據）。

雖然「營收」或「薪資」在收付的時候，金錢是實體的，但營收和薪資本身是無形的。我們不會在一張張鈔票上寫著「營收」或「薪資」，而是在帳簿[35]記錄，藉此了解這筆金錢成爲公司財產的原委（例如營收）或流向（例如薪資）。

至於「資本額[36]」，僅登記於公司的設立資料上，表示公司的規模，只不過是類似「標準」的東西罷了。

在日本，依規定，股份公司的資本額必須在一千萬日元以上，但也認可資本額一日元的「一元公司」，算是特例。因爲資本額本來就非實體，只是個大致的標準。

那麼，會計爲什麼要刻意將非實體的事物，弄成看得見的數字呢？

答案是，**為了更了解公司的實際狀況**。

將義務、權利列入計算，並在帳簿記錄「營收」或「薪資」等金錢收付的原委、流向，才可以從多面向了解公司的實際狀況。

「家庭財務報表」要注意什麼？

針對這一點，有人主張家庭也要編造財務報表，以備將來之需。這是值得肯定的，畢竟這是從多面向掌握家計的開始。

只不過，使用方式也是個問題，請看以下的例子。

上班族C先生，委託專家幫他編造財務報表。

「你打算存多少錢當小孩的教育費？」

「你考慮過和父母住在一起嗎？」

在對方的詢問之下，編成如下的財務報表：

C先生的家庭財務報表

年收入 五〇〇萬日元
年支出 三〇〇萬日元
房貸（三十年） 三〇〇〇萬日元
財產（住宅大樓） 二五〇〇萬日元
每年教育費儲蓄 一〇〇萬日元

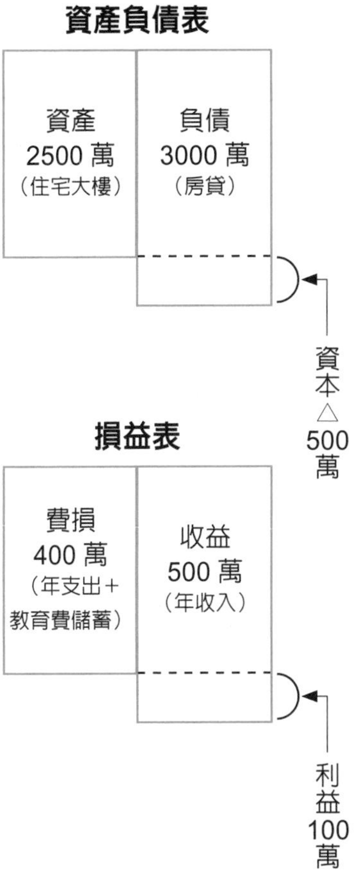

● **財務報表計算原則**

資本＝資產－負債
利益＝收益－費損

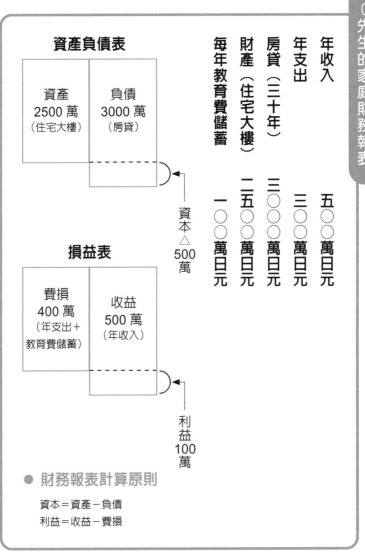

專家這麼說：

「住宅大樓價格一直跌，趁現在脫手，還可以賣到兩千五百萬日元。相對的，房貸三千萬日元太多了，資本變成負五百萬日元，這叫債務超過[37]，非常危險。換成一般公司，馬上就倒閉了！」

C先生一臉慘綠，問道：

「那我該怎麼辦？」

「這個嘛……你每年都有盈餘，最好早點償還借款，以所謂的『提前清償』來解除債務超過的狀態。」

C先生覺得很有道理。

專家又接著說：

「爲籌措償還資金，最好減少支出，我們先從『重估保險』開始吧！」

於是，C先生決定進行「提前清償」和「重估保險」。

你的周遭有沒有像C先生這樣的人？

每一次評估家計，可以說，必定會出現「提前清償」和「重估保險」。

爲什麼呢？

這兩樣東西的確具有從根本上重振家計的力量，但是，並非對每個人都是必要的。

說清楚一點，就是雖然不必要，許多人卻硬要進行「提前清償」和「重估保險」。除了我之外，許多會計專家也發現相同的現象。

補充說明所謂的財務報表，它指的是一眼即可看清財產和盈餘等狀況的文件。

包括「資產負債表」和「損益表」等，分別具有以下的功能：

「資產負債表」→審視資產和負債→觀察未來

「損益表」→審視一年的利益→觀察現在

「資產負債表」所記載的，是將來可使用的資產，或將來必須償還的負債，因此可以觀察未來。

「損益表」所記載的，是今年一整年的收益、費用或利益，因此可以觀察現在。

「提前清償」和「重估保險」的內幕

這兩件事究竟有什麼不對勁的地方？

首先，所謂的「提前清償債務」，是根據「C先生處於債務超過的狀態，非常危險」，這個前提就不對勁。

的確，公司一旦債務超過，倒閉的可能性相當高，不過，那是因爲公司背負有「必須快點付款給貨主」「必須馬上償還借款」等壓力。

相對的，個人的房貸，貸款期間長達數十年，按月償還即可，並不像公司那麼急迫。

也就是說，公司和個人負債的前提完全不同：公司的負債必須立即償還，個人的負債則可以慢慢償還。

個人不管有多少負債，除非必須立即償還的，否則完全無須在意。

關於負債，不妨解讀爲：「三十年三千萬日元，一年才一百萬日元而已。」

對家庭財務報表提出「債務超過」這樣的說法，只能說沒有常識。

此外，「住宅大樓現在跌到兩千五百萬日元」這句話也完全無須理會。除非現在就想賣掉房子，否則，好不容易買下來的房子，一般人都想一直住下去。既然想一直住下去，短期內是不會賣掉的。因此，現在價值「兩千五百萬日元」這個數字完全沒有意義。

換言之，所謂「藉由資產負債表觀察未來」，可以如此看待：

- **公司→一～五年後的未來**
- **個人→十～三十年後的未來**

現在，再從個人會計的觀點來看C先生的資產負債表。如何?根本無須在意資本負五百萬日元。

的確，債務超過的狀態解除，不安就跟著解除，讓人覺得評估家計似乎有了成效。不過，要償還借款，就必定有所犧牲。

這牽涉到個人價値觀的問題，旁人也不便置喙。畢竟認爲「既然可以借那麼長的時間，那就借個夠！」這也不是不對，尤其預期往後收入穩定或利率的確很低時，理由更爲充足。

至少，看C先生的財務報表可以知道，「你這叫債務超過，換成一般公司，馬上就倒閉！」只是莫須有的威脅。

有時候，在「莫須有的威脅」的延長線上，還會被建議「重估保險」。保險費在家計中的占比的確不低，「重估保險」或許可以增加家庭的盈餘，但是，協助評估家計的專家，許多人都身兼某保險公司的銷售代理，這也是不爭的事實。專家雖然沒有直接向加保人拿錢，卻從保險公司獲取相當的佣金。

專家評估家計，之所以幾乎都會提到「重估保險」，內幕便是如此這般。

最近，任何一家保險公司都會提供多樣化的產品，因此，必定有符合個人未來規畫的保險產品。只不過，這項產品是不是眞的最好？或是比其他保險公司的產品更好？則又是另外的問題。

我要說的是，**要「重估保險」，就要找可以信賴的專家**。

不要被惡用家庭財務報表的傢伙給騙了！

話題再回到C先生的財務報表。

「可是，資產負債表顯示債務超過，萬一C先生死了的話，不就麻煩大了？留下五百萬日元的借款，到時候該怎麼辦？」或許有人會如此反駁。

其實，「萬一C先生死了的話」，這問題只要買個壽險就可以解決。買了壽險之後，倘若負債還是超過，家屬再拋棄繼承即可。

沒有必要被「倘若」「萬一」這類不確定的東西迷惑，因爲「保險」本來就是爲了讓人無須擔心不確定因素才存在的。

終歸一句，對一般上班族家庭而言，財務報表僅供參考。

同樣是資產負債表，用來觀察公司未來數年的，與用來觀察個人未來數十年的，不能擺在同一層次相提並論。

善用數字的說服力

我完全沒有否定「提前清償債務」和「重估保險」的意思，倘若有必要，就應該切實去做。

只不過，出現在財務報表上的數字，會對人產生說服力，我殷切希望不要被惡用。

數字的說服力不僅限於會計。

比起「太貴的東西不要買」，「超過三百元的東西不能買」更具有強制力。

比起「接下來再加油一下」，「再拚五天就好」更能鼓舞人心。

比起「很多人死於交通事故」，「交通事故每年造成一萬人死亡」更能讓人注意切身的安全。

比起說「《異形2》很好看」，不如說「《異形2》我看了七十四次」，更能表達該電影的確是一部好作品（影評家平野秀朗先生眞的這麼說過）。

我在出版推理小說《青春女會計師事件簿》時，爲了說服出版社「可以賣到三千本」，一開始我說：「你會意外發現有不少讀者喲！」但是對方完全不理我。於是，我改變說法：「如果推算參加會計師資格考和簿記檢定考的人數，日本會計人口有三百萬人，只要其中○・一%的人買書，就可以賣掉三千本。」

結果出版社決定出書（當然原因不只這點），到現在已經賣了近二十萬本，完全出乎我意料之外。

我要說的是，即使沒有太大的根據，只要能夠讓數字說話，就比較容易讓人接受。

凡事都試著「讓數字說話」，有助於增加簡報和開會的說服力，請務必應用這方法。

重點整理

機會損失的概念

- 生意的基本，在於「抓準時機」。
- 所謂的「機會損失」，就是喪失新的銷售機會。
- 機會損失並非將實際得不到的東西當成「零」，而是當成「負」計算。
- 有「眼力」，才能將進貨量控制在比預估的最大銷量再多一些。
- 商品賣不完（滯銷庫存）是一件很可怕的事，但商品銷售一空（機會損失）也是同樣可怕。

考量機會損失，再設定目標

- 既然要做，就應該將目標設定得比自己認為可以實現的界限再高一些。

- 達成目標本身並沒有太大意義。

會計是將無形事物數字化的學問

- 機會損失是無形的事物。
- 爲什麼要將無形的事物數字化？
  ↓因爲將無形的義務、權利列入計算，才可以從多面向了解公司的實際狀況。

「家庭財務報表」要注意什麼？

- 有不少人做了不必要的「提前清償」和「重估保險」。
- 公司和個人負債的前提完全不同。
- 評估家計必須慎重。
- 家庭財務報表僅供參考。

數字具有說服力

- 財務報表的數字有時會遭到惡用。
- 累積「讓數字說話」的訓練，有助於增加簡報和開會的說服力。

第五章

寧願不當第一的賭徒

周轉率

沒志氣的賭徒

「怎麼可以輸？」K先生心想。

現在輪到他當莊家，目前兩萬四千分，排名第三，不過情況還不悲觀。對家是胡牌成績排名第一的「教父」，分數爲三萬一千分，才差七千分，只要胡一把大牌，就可以贏過他。

坐在K先生上家的，是麻將店的店員「眼鏡仔」，分數爲兩萬八千分，和第一名的教父僅有些微差距，這傢伙看來似乎想以快手逆轉局勢。

不過，以一萬七千分殿後的下家「套頭衫」也不能掉以輕心，稍一大意，K先生也可能被趕過去而敬陪末座。

K先生冷靜觀察敵方的狀況，小心翼翼地進牌、捨牌，精心構思逆轉的布局，摸牌時不自覺加了把勁。

過沒多久——

「碰！」

眼鏡仔發出沉著的聲音。現場一片緊張。

這已經是最後一圈，若是K先生以外的人胡牌，牌局就宣告結束。

「莫非眼鏡仔已經聽牌！我還差一張就聽牌，能不能趕上敵方的腳步……」

K先生想。

腦筋轉得快暈了，K先生一邊摸牌，一邊以指腹搓牌。

五筒！

「好耶！拿到最想要的牌，這下我也聽牌了，只要小心捨牌，就有希望胡一把大牌。」

就在K先生心喜逆轉攻頂的劇本即將上演，將牌打出之際……

「胡！」

眼鏡仔輕輕地推倒手牌。

「只是普通的胡牌而已，一底一千三百分，胡莊家，多一台加三百分，總共一千六百分。」

被、被胡啦！

但是，得分才一千六百分，眼鏡仔根本沒辦法逆轉贏過教父，成爲第一。爲什麼要胡這種沒意義的牌呢？眞搞不懂，當第二名就滿足了嗎？還眞有牌品，不！還眞是沒志氣的賭徒啊！

為何不直取第一？

我不賭博，連麻將的規則都不懂，前面的故事是朋友K先生打自由麻將的實際經驗。

日本有所謂的「自由麻將」，也就是去麻將店，四個不認識的人湊一桌打牌，視打幾圈，就付麻將店多少遊戲費。倘若湊不到四個人，可以由麻將店的店員湊數成局。

簡單整理一下以上的故事，就是賭局到了最後，和積分排名第一的教父僅有些微差距的店員眼鏡仔，原本有機會逆轉奪下寶座，卻胡了完全不會改變順位的牌。

胡了牌，賭局也告結束，最後，眼鏡仔依然排名第二，K先生則很遺憾地仍屈居第三。

依照一般的打法，眼鏡仔應該會放過這次胡牌的機會，再觀察狀況，確定分數可以超越第一名才胡牌。

麻將這遊戲，本來就志在成爲最大的贏家。爲什麼這名戴眼鏡的店員居然不想當第一，寧願胡小牌而屈居第二呢？

這一章，我們要探討眼鏡仔的意圖，同時思考「周轉率[38]」。

賭博的極致

賭博的極致，在於見好就收。連我這種不賭博的人，都懂這個道理。

道理雖然淺顯，做起來卻非常困難。

因爲輸的時候，心想：「再搏一下，轉運就贏了。」最後越輸越多。

贏的時候，心想：「現在手氣正順，可以再贏幾把。」原本想乘勝追擊，最後連先前贏的也輸掉了。

在贏的時候收手，不管贏多或贏少，贏的金額都可以確保。相反的，不管如何大贏，在牌局結束之前，贏的都不算。大贏只是個數字、夢幻罷了。

說到這，難不成，寧願屈居第二的店員眼鏡仔，熟知賭博的奧義，並且身體力行？

他屈服於大贏的誘惑，只爲了得分少、但確定的勝利，寧願胡順位不變、完全無意義的小牌？

真正的意圖在周轉率

從結論來看，前面的說法一半猜中，一半沒中。

店員眼鏡仔當然想要確定的勝利，但他更想盡快結束賭局。

爲什麼？

只要想想自由麻將的遊戲規則，便能夠了解。

麻將店的營收，基本上，僅靠一場幾百日元的遊戲費，除此之外的牌局輸贏金額，則是客人之間的交易，與麻將店無關。麻將店只是出借場地，其他一切不予干涉。倘若人數不足，店員湊數下去玩，輸了也是店員個人要支付。

因此，就麻將店的立場而言，打一場麻將所需的時間越短越好，才可以收到更多的場地費。

假設有「一小時只能打一場麻將」和「一小時可以打兩場麻將」兩種情況，遊戲費爲每人每場四百日元。那麼，麻將店的營業收入分別爲：

〈情況①〉一小時只能打一場麻將

四〇〇（日元）×四（人）×一（場）＝一六〇〇日元

〈情況②〉一小時可以打二場麻將

四〇〇（日元）×四（人）×二（場）＝三二〇〇日元

場數對營業收入的影響是清楚而實際的。

會計用語稱之爲「周轉率」。所謂周轉率，指一天可招徠多少客人的比率。換句話說，因爲麻將店店員重視周轉率，才會胡乍看之下莫名其妙的小牌。

薄利多銷是關鍵

迴轉壽司、牛肉蓋飯，以及無座位的立食、立飲餐廳，都是重視周轉率的典型例子。

牛肉蓋飯一碗兩百八十日元、壽司一盤七十五日元……光聽價格，不禁讓人覺得：「這麼便宜，生意還做得下去？」

事實上，客人進進出出，薄利多銷便能產生利潤。

只設櫃檯座位或只能站著用餐，客人無法慢條斯理地吃喝，就算有座位，頂多也只待個三十分鐘左右。差一點的立食拉麵，三十分鐘可以周轉六個人次。

當然，牛肉蓋飯的櫃檯座位或許不乏一坐就一小時以上的客人，但一般人通常吃完就會立即離去。

任何業種都靠周轉率賺錢

重視周轉率的，並不僅限於餐飲店，就像麻將店的例子，任何業種都在不斷地嘗試，試圖提高周轉率。

例如，日本最近風行只要十分鐘的一千日元理髮店，可以說是最重視周轉率的商業型態。一般理髮店再怎麼拚，一家店一小時內了不起只能剪五個人，但它一小時卻能剪二、三十個人，創造利潤。

從客人的角度來看，非但省錢，還不會浪費時間，因此，有的店大排長龍，大受歡迎。

此外，電影院不喜歡放映片長過長的電影，也是考慮到周轉率。

再怎麼熱門的電影，如果時間長達三個半小時，一天頂多也只能播三場。縱使是超熱門的電影，場場客滿，可容納三百人的影廳，每天總共也只能吸引：

三〇〇（人）×三（場）＝九〇〇人

反而是票房平平的兩小時電影，一天播五場還更有賺頭。

假設有一部平均每場可以招徠兩百人的電影，一天下來就有：

二〇〇（人）×五（場）＝一〇〇〇人

比超熱門的電影還多出一百個客人。

昆汀．塔倫提諾導演的《追殺比爾》，原本是一部很長的作品（四小時以上！），因爲太長，電影院無法周轉，因此剪輯成《追殺比爾》和《追殺比爾2：愛的大逃殺》，分別在二〇〇三年和二〇〇四年上映，以系列電影的模式大肆宣傳，搞得有聲有色。

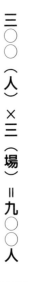

不能提高單價，就要提高周轉率

第一章提到，要創造利益，「提高單價」是最快的方法。

話雖如此，也不能機械式地提高價格，必須要有與價格相符的品質才行。因爲價格越高，東西就越難賣。

而且，單價一提高，盈利計畫也容易模糊焦點。

假設有個單價十萬元的商品，每個月賣出十件就有利潤，但有時一個月才賣五件，甚至也有營收掛零的月份。在這種情況下，既無法訂定盈利計畫，也無法預估日後的發展，更不用談確立「店面應擴大或縮小」「今後業績該如何推展」等經營策略，導致無法穩定經營。

這種經營，正是所謂的陷入進退維谷狀態。

因此，次佳之策是，單價不做太大的改變，藉由「提高周轉率」，擴增客人數量。

「銷售額＝單價×數量」，這是永久不滅的定律。
不能提高單價，就只能增加數量（周轉率）。

當然，單價越低，亦即價格越便宜，會讓客人覺得越划算，而更容易招徠客人。因此，降低單價也是提高周轉率的一種策略。

有一陣子，日本的牛肉蓋飯連鎖店展開削價競爭，大家應該記憶猶新。這也是為了追求周轉率而採行的策略。因為便宜，所以客人多，因為客人多，才能大量進貨，因此可以更便宜。**單價和周轉率並非互不相干，應以配套方式考量**。

周轉率提高到相當程度，客人數量不再那麼難掌握，逐漸趨於穩定之後，也可以估算未來的利潤，以及訂定盈利計畫或經營策略。

只不過，受到低廉價格吸引而來的客人，也有一個大問題，那就是，一旦有其他更便宜的店出現，客人就會一窩蜂往那邊移動。

降低價格這檔事，任何人都能依樣畫葫蘆，因此，類似的便宜商店四處林立。一旦演變成這種局面，客人的流動性勢必非常高。

此外，客人也會因爲「只是東西便宜而已，並不好吃，吃一次就夠了！」說走就走。

漢堡連鎖店之所以突然停止削價競爭，轉而形成追求食材品質或獨家特色的高價商品競爭，便是來自這樣的背景。

換句話說，光憑低價很難營造固定客群。**縱使能提高周轉率，如果不能營造固定客群，周轉率也會逐漸下滑**。

如何營造固定客群？

那麼，要如何營造固定客群呢？職業運動界可以作爲借鏡。

日本職業足球聯盟和美國職棒大聯盟，從不敢怠忽舉辦各種球場活動或贈送禮品等「球迷服務」。球團屬於在地經營型態，莫不竭盡所能刺激地緣意識，營造球迷和球隊的一體感。爲了讓球迷不斷光臨球場，它們持續嘗試不同方法，因此，球迷（固定客群）總是讓球場座無虛席。

另一方面，正加速整編的日本職棒界，也不敢怠忽營造固定客群。日本職棒球隊東北樂天金鷹隊便主張球迷服務是經營球隊的第一大重心，經常舉辦球員的校園座談或棒球教室等活動，試圖和其他球隊有所區隔。

至於其他業界又是如何？

抽菸的人，必然購買同品牌的香菸，這也是標準的固定客群。每天更換或隨心情變換品牌的人，應該極爲少數吧？一般人整年都抽相同品牌的香菸。

因此，香菸公司總是想辦法提高品牌魅力，以掌握固定客群。當然，味道和價格也很重要，不過就購買香菸的動機而言，品牌印象更爲重要。

一聽到萬寶路、七星、Short Hope，腦海中想必會浮現某些印象，也難怪抽菸的人各自對品牌都有所堅持。

此外，迪士尼樂園之所以能在主題樂園業界勝出，便是因爲擁有龐大的固定客群。

在迪士尼樂園，一整天精采節目不斷，每次去總有不同的活動，去再多次也能玩得開心，這就是它勝利的祕訣。

家電量販店一般都有所謂的點數卡，這也是增加固定客群的策略之一。「比別家至少便宜一日元」，這類削價戰能爭取的客人已達極限，接著登場的，便是點數卡。

「買家電就去這家！」現在有許多人不再貨比三家，一開始便心有所屬，原因無他，「想儲存更多點數」「想有效運用儲存的點數」這個心理因素已先發揮效用。

如上所述，任何業種都透過激烈的削價競爭和努力營造固定客群，拚命想提高周轉率。周轉率可謂商業的命脈。

以周轉率考量人脈

不僅做生意，人際關係也可以用同樣的觀念去拓展。

一般人談到「人脈」，往往認爲應該盡量和不同業種、不同年齡層的世代建立關係，其實，這種想法可是大錯特錯。

在社交圈中，經常舉辦所謂的異業交流會，在這類拓展人脈的聚會上，名片濫發到令人生厭的地步，極少成爲眞正的人脈。人面或許變廣了，但這和人脈卻是兩碼子事。

縱使結識再多「朋友」，倘若有事時無法請託對方，或對方根本不信賴你，這樣的「人面廣」完全沒有意義。

說得難聽一點，這種人脈的層次，就像偶然在街上撞見木村拓哉，便宣稱「我認識木村拓哉」一樣。

在我的想法裡，名片的數量與人脈的廣度是完全不成比例的。眞正的人脈，應該拓展到存在於對方背後的未知人物。

與其和一百個人建立淡薄的關係，不如與一個「擁有一百個人脈」的人締結穩健的關係，才能讓存在於他背後的一百個人，成爲自己可運用的人脈。

因此，倘若有餘暇參加異業交流會，還不如與以前就相當熟識的友人、知己，以及最近新認識的「大人物」多交流，加深關係。

花時間與少數值得信賴的人建立友好關係，慢慢形成日後的人脈，一旦有事時，對方必定會伸出援手。其實這些話不需我多說，各位應該也有過類似經驗吧？

這和「客人數量未必與銷貨量成比例」是相同的。

聚集再多不消費的客人，也無法提高銷貨量。反倒是雖然只招徠少數固定客人，但他們會不斷到店裡消費，不但可使營收穩定，還可透過口碑引來新客人。

輕輕鬆鬆找出弊端

你有興趣知道在會計的世界裡，實際是如何運用周轉率的嗎？

周轉率是非常便利的工具，因為運用時不必花腦筋，也無須費太多功夫。

會計師在審查一家公司時，首先要調閱財務報表和帳簿等各種會計資料。

或許你會以為：「既然是有執照的會計師，這些資料想必會再三檢視。」

事實上，姑且不談小公司，稍具規模的公司，會計資料必定相當龐大，有時候會多到不知從何下手才好。

這時該怎麼辦呢？先逐月將數字輸入電腦再說。如果要審查應收帳款[39]，不妨將四月底應收帳款金額、五月底應收帳款金額……依序鍵入，列出半年或一年的金額，看看它的變動是增是減，這稱爲逐月變動。

〈應收帳款〉

四月	三○○萬日元
五月	四○○萬日元
六月	三○○萬日元
七月	一五○萬日元
八月	四○○萬日元
九月	三○○萬日元

透過數字的排列，會計師可以開始推測：「爲何五月和八月應收帳款比較多？」「七月應收帳款比較少，是什麼緣故造成的？」

但是，光靠列出數字並無法進行審查，接下來，再計算周轉率看看。

雖然名之爲「計算」，但也只是利用除法算出周轉率，算法非常簡單。

例如，應收帳款除以每月銷貨額。

〈銷貨額〉

四月	二〇〇萬日元
五月	三〇〇萬日元
六月	二〇〇萬日元
七月	一〇〇萬日元
八月	二〇〇萬日元
九月	二〇〇萬日元

應收帳款÷銷貨額＝周轉率

四月	三〇〇萬日元÷二〇〇萬日元＝一・五
五月	四〇〇萬日元÷三〇〇萬日元＝一・三
六月	三〇〇萬日元÷二〇〇萬日元＝一・五
七月	一五〇萬日元÷一〇〇萬日元＝一・五
八月	四〇〇萬日元÷二〇〇萬日元＝二・〇
九月	三〇〇萬日元÷二〇〇萬日元＝一・五

這個周轉率，專門用語稱爲「應收帳款周轉期」，可以說明殘留在月底的應收帳款是「銷貨額的多少個月份」。

以這個例子來說，四月有銷貨額一・五個月的應收帳款，五月則略微減少，有銷貨額一・三個月的應收帳款。

應收帳款是銷貨額未收取的部分，最好盡快回收，所以，月底最好不要留下太多應收帳款。

觀察四月至九月的數字，你認爲哪個月份問題最大？

觀察應收帳款，五月、七月、八月變動較明顯，但是，觀察周轉率，應該可以看出，只有八月的數字呈現異常。因爲八月的應收帳款相當於兩個月的銷貨額，多於其他月份。

因此，會計師的審查重點會放在八月的帳簿，詢問公司經理八月是否有重大事件發生。

結果，發現「往來廠商A公司在八月倒閉」的無奈事實，另外又發現「業務主管侵占收回款項」的紕漏。

利用除法算出周轉率，具有發掘真相的力量。

審查的任務在「見樹思林」

也就是說，我們會計師在審查公司財務報表時，並非一一檢視每一筆資料。

由於有人力和時間上的限制，除非對象是小公司，否則現實上是不可能這麼做的。

那該怎麼做呢？

方法便是以周轉率來限縮審查的範圍。

並非審視所有的資料，而是篩選出重要的部分數據作爲樣本。藉由檢視重要的部分，來確保整體應該沒問題，這就是審查的任務。

可以說，審查的任務在於做到「見樹思林」，避免「見樹不見林」。

會計審查用語稱之爲「風險評估」。方法是將重點放在可能會有風險的環節，亦即容易發生弊端和虛飾的部分。

鎖定重點做風險評估

風險評估的方法也可以運用在會計審查之外，而且，很多時候還是自然而然地使用呢！

例如，在超市挑魚時，就算看遍整條魚，也未必能瞧出個所以然來。因此，挑魚通常只看眼睛，從「眼珠是否混濁」來判斷新鮮與否。

欣賞名畫時，倘若看不懂一幅畫好在哪裡，不妨仔細瞧瞧畫的某一部分，例如達文西的《蒙娜麗莎》，注意看她的手，據說細緻程度會讓人讚嘆：「這怎麼畫得出來！」

我過去有四年時間在補習班教高中生現代文，以應付大學入學考試。當時我教的攻略法是，試著從文章中發現「過去」與「現在」，或「自然」與「機械」等對比關係。

再怎麼難懂的文章，凡是出現在大學入學考試的題目裡，必定以某種對比爲主軸，只要能找出對比主軸，即使文章難懂到不知所云，也能順利作答。

此外，倘若英語會話出現許多不懂的字彙，只要從前後文中懂的字彙或語意推測，通常都能明白它在說什麼。

要言之，當整體看不出所以然時，**鎖定重點觀察，自然就能理出頭緒。**

祕訣在於鎖定「大目標」

掌握不到重點，整體便不會浮現。

進行會計審查時，先仔細聆聽經營者的話，並觀察該公司業務的流向，然後篩選出可能有弊端或虛飾的重點。接著，檢視列出的幾個重點，慢慢鎖定更爲重要的部分，之後再著手進行檢視帳簿的審查作業。

鎖定重點的方法並不困難，就會計審查而言，即是從「金額較大的爲何？」「對其他部分影響力較大的爲何？」的觀點去鎖定。

換句話說，原則就是鎖定「大目標」。

例如，買個人電腦時，有「價格」「螢幕大小」「硬碟容量」「處理器速度」等各種重點，只要將重點鎖定在對自己最重要的配備上即可。

倘若現在錢不夠多，「價格」或許便是最大的重點。倘若主要想練習電腦繪圖，「硬碟容量」或「處理器速度」或許就成爲重點了。

另外，對於初次見面的人，你會注意他的什麼地方？

如果觀察整個人仍無法下評斷時，不妨只觀察他的某一部分，重點有臉、動作、聲音、說話方式等等，不勝枚舉。

或許有的人二話不說就鎖定「臉」，不過，我個人則是先找出「那個人最好的地方」，再仔細觀察。

「最好的地方」因人而異，例如，體貼、沉穩、不說「喔」「啊」之類贅語等等。只要掌握一個人最好的地方，就以往的經驗，了解他整體形象便不會太離譜。

有位公司人事主管也說：「我在面試時，便是從這樣的觀點篩選應徵者。」我在此特別推薦。

這也是「見樹思林」的方法。

當你處理周遭各種事務時，其實也可以運用會計審查的評估方法，不是嗎？

重點整理

任何業種都靠周轉率賺錢

- 周轉率＝一天可招徠多少客人的比率。
- 重視周轉率（薄利多銷）的行業：

①迴轉壽司店
②牛肉蓋飯店
③立食拉麵店
④立飲飲料店
⑤平價理髮店
⑥電影院

- 「銷售額＝單價×數量」，這是永久不滅的定律。

- 單價一提高，盈利計畫也容易模糊焦點。
- 不能提高單價，就只能提高周轉率。
- 降低單價也是提高周轉率的一種策略。
  ↓但是，客人的流動性勢必非常高。
- 單價和周轉率應以配套方式考量。

營造固定客群

- 固定客群指會不斷到店裡消費的客人。
- 如果不能營造固定客群，周轉率也會逐漸下滑。
- 固定客群多的行業：
  ①職業運動
  ②香菸
  ③主題樂園（迪士尼樂園）
  ④家電量販店（點數卡）

真正的人脈經營方法

- 撒名片並不能拓展人脈。
- 與擁有「一百個人脈」的人締結穩健的關係。
- 珍惜已認識的少數「大人物」。

會計審查的方法

- 會計審查以除法算出「比率」，讓各種眞相一一浮現。
- 審查之道在於「見樹思林」。

→並非檢視所有會計資料，僅檢視重要的部分，這種方法稱爲「風險評估」。

如何做風險評估？

- 當整體看不出所以然時，就鎖定重點觀察。
- 鎖定重點的祕訣在於鎖定「大目標」。

第六章

分攤付款時，為何總有人搶著墊付？

現金流量

「我先去付帳吧！」

我有一個朋友，每次參加多人分攤付款的聚餐時，他都會主動承攬「付錢」的任務。例如，十個人吃喝花了五萬日元，他一定會說：「我先去付帳吧！」接著便付給店家五萬日元，然後再向每個人收五千日元。

類似這種「分攤付款」的場合，一定有人扮演付錢的角色吧？但是，一開始我還眞不明白，爲什麼他總要搶著墊付。

後來，當我有機會了解他的盤算時，大爲驚訝。

他的想法很有巧思，而且從會計的角度來看，也是很漂亮的安排。分攤付款時，先幫大家墊付，其實好處多多。

目的當然不是要貪小便宜，例如消費金額是四萬九千日元，卻向九個人各收五千日元，自己只要付四千日元就好，沒有這種好事。

當然，也不是想藉由幫大家墊付，過過領導統御的乾癮。

說穿了，眞正的目的在於搞好「現金流量[40]」。

或許有人會說：「分攤付款怎麼會跟會計用語『現金流量』扯上關係？」

現在，讓我來慢慢說明原因。

沒錯！本章的主題就是「現金流量」。

從現金流量看信用卡付款

提到現金流量，或許有些人會覺得有點難懂。將「現金」和「流量」拆開來看，似乎就比較容易了解，也就是指「錢（現金）的進出」。

「現金流量好」就是手上有很多錢（進），「現金流量不好」就是手上沒有錢（出），單純至極。

換言之，盤算如何隨時保持擁有現金的狀態，以及注意現金的進出，讓資金周轉狀況良好，這便是現金流量在會計上的思考方式。

話題回到分攤付款，這裡有個重點，那就是以信用卡墊付。

除非是有錢大爺，錢包塞滿大鈔，五萬、十萬都可以用現金支付，否則較大金額的費用，一般人應該會以信用卡支付。

有信用卡的人，應該都知道信用卡繳款時間是在刷卡後的下個月底或下下個月初，也就是說，款項大約在一個月後才需要支付。

因此，如果只看現金流量，刷卡付款時，可是連一塊錢的現金進出都沒有。

當然，到下個月底或下下個月初，你還是得繳款，但那也是一個月以後的事了。

分攤付款時，以信用卡墊付，和自己平時刷卡付款的不同之處，在於當場就可以回收現金。

以前述的例子來說，可以向參加聚餐的人回收現金：

五〇〇〇（日元）×九（人）＝四萬五〇〇〇日元

換言之，以信用卡墊付，可以營造沒有現金支出，卻有現金收入的情形。

以信用卡墊付，營造現金收入

〈情況①〉以信用卡墊付的人

現金收入　五〇〇〇日元×九人＝四萬五〇〇〇日元

現金支出　〇日元

→合計　四萬五〇〇〇日元

〈情況②〉其他人

現金收入　〇日元

現金支出　五〇〇〇日元

→合計　△五〇〇〇日元

可見，現金流量的概念，在於觀察「現金」的動向。

同樣去吃喝，①和②有五萬日元的差距。

現在你應該可以了解，先墊付的人，在現金流量方面做得多漂亮了吧？

分攤付款金融

這種充分發揮信用卡付款的優點以創造利益的手法，有人稱爲「分攤付款金融」。

如果是定期聚餐，分攤付款金融的功效更大。在信用卡繳款前，又繼續刷卡墊付，增加同樣金額的現金收入。

這麼一來，繳款所產生的負數金額，和墊付所獲得的金額相抵，正負爲零。每個月重複這種狀況，理論上，就相當於一直「免利息」借用墊付回收的現金。

定期聚餐的分攤付款金融

×月×日	第一次刷卡墊付回收現金	四萬五〇〇〇日元
次月×日	第二次刷卡墊付回收現金	四萬五〇〇〇日元

次月底	扣繳第一次墊付的卡費	△四萬五〇〇〇日元
	→帳戶餘額	四萬五〇〇〇日元
次次月×日	第三次刷卡墊付回收現金	四萬五〇〇〇日元
次次月底	扣繳第二次墊付的卡費	△四萬五〇〇〇日元
	→帳戶餘額	四萬五〇〇〇日元
如此不斷重複……		

爲什麼說「免利息」？雖然依信用卡公司或有不同，但通常卡費一次付清是免利息的，有些信用卡甚至允許一定金額的帳款可以無息分三到六期償還。

如果向金融公司借款一個月，一般都需要支付一個月的利息，但是以信用卡代墊，就可以無息借款（沒有繳清的餘額仍需支付循環利息）。

嚴格來講，即便是一次付清，仍須支付相當於利息的金額，只是這部分的金額已由接受信用卡付款的店家吸收，這就類似向金融機構借款，只是個人沒有支付利息的義務。

信用卡公司賺錢的策略

或許有人會問：「店家爲什麼要替不相干的人付利息呢？」

這就是以信用卡付款的巧妙之處。店家以「手續費」的名義，支付利息給信用卡公司，打的算盤就是「我付手續費，讓客人可以刷卡消費」。

在一些高消費的商店，例如夜店，如果不能刷卡，客人就無法安心消費。所以商家寧願支付消費金額一〇％左右的高額手續費，和信用卡公司簽約。（不過，也有商家會另外跟刷卡付款的客人收取這筆費用。）

相反的，百貨公司就沒有手續費的問題。因爲對信用卡公司來說，如果不能在百貨公司使用自家的信用卡，反而有損品牌價值。因此，信用卡公司會以優惠的條件和百貨公司簽約。一般商店則需支付三～五％的手續費。

附帶一提，在日本的家電量販店購買商品，消費金額通常可以累積會員點數，之後折抵消費。但是某些家電量販店，如果不是付現金，而是以信用卡付款，可累積的點數就會減少。

以前我並不明白箇中道理，現在知道了，家電量販店其實是將刷卡產生的手續費，從應該給客人的點數中扣除。

信用卡對顧客、商店、信用卡公司都有好處，是一套相當好的付款結構。當然，也有使用過度，成爲卡奴的缺點，這就是個人自我管理的問題了。

利益和現金流量有何差異？

最近有越來越多公司重視現金流量，甚於利益。貴公司是否也有一、兩位上司老是嚷嚷著：「現在的現金流量是什麼情況！」

爲什麼企業越來越重視現金流量呢？

在說明理由之前，先來釐清利益和現金流量的差異。

所謂利益，在第一章也說明過，是以「營業收入－費用」計算得出的金額。所謂現金流量，則是以「現金的進出」計算得出的金額。

以一五一頁「以信用卡墊付，營造現金收入」爲例說明，從現金流量來看，

①以信用卡墊付的人，現金流量是四萬五千日元，②其他人則是負五千日元。然而，從利益來看，因爲兩者都會產生五千日元的費用，①和②都是負五千日元。

利益和現金流量的差異

〈情況①〉以信用卡墊付的人

從現金流量來看	**四萬五〇〇〇日元**
從利益來看	**△五〇〇〇日元**

〈情況②〉其他人

從現金流量來看	**△五〇〇〇日元**
從利益來看	**△五〇〇〇日元**

就會計而言，①以信用卡墊付所獲得的四萬五千日元，並非出售商品獲得的金額，因此不是「銷貨額」，而是日後必須支付的金額，也就是「暫收款[41]」，

事實上，形同借款，是債務。

也就是說，**現金流量只考量現金，利益則是將眼睛看不到的負債等也考量進去後得出的數字。**

「有錢」和「有賺到錢」是不同層面的東西。

財務報表為何要分成三種？

財務報表除了原本的資產負債表和損益表之外，現在又增加了現金流量表，更能正確掌握公司的經營狀況。

三種財務報表

- **資產負債表→控管資產和負債**
- **損益表→控管利益**
- **現金流量表→控管現金的進出**

爲什麼了解公司的經營狀況，需要看三種財務報表？

就如前述的例子，以信用卡墊付分攤付款的金額，從現金流量來看，非常划算，但是從利益來看，完全沒有任何好處，甚至還負債。

同樣一件事，觀點不同，解讀也南轅北轍。正因爲如此，像「現金流量觀點」「利益觀點」等多重觀點，便不可或缺。

不僅公司，對個人也是一樣，單憑片面觀點，絕對無法了解眞相。

我的朋友貫徹分攤付款時先墊付的原則，成功控管「現金流量」，但他是否也抱有「利益」的觀點，則有待商榷。手邊的現金再怎麼增加，畢竟是負債，如果沒有這樣的觀念，遲早會破產。

所以，一如公司的財務管理，個人理財也必須抱持各種觀點和指標。

什麼是個人最應重視的理財指標？

那麼，在個人理財中，最應重視的會計指標是什麼呢？

這相當值得注意，事實上，我也經常被問到這一點。

我的答案既非「年收入」與「利益」，也非「現金餘額」，而是「自由現金流量」[42]。

所謂自由現金流量，是指可自由運用的金額，近來備受許多企業重視。

會計上的自由現金流量，可以用下列公式計算出來：

營業所產生的現金流量＋投資所產生的現金流量＝自由現金流量

換言之，可以藉由計算營業與投資所獲得的現金收入，觀察公司的中長期經營能力，這是當前相當受到注目的指標。

換成個人版的自由現金流量，公式如下：

日常的現金出入＋為將來準備的現金出入＝自由現金流量

下面的例子，是上班族A先生從每個月的家計，計算出來的自由現金流量。

所謂個人版的自由現金流量，是指收入扣除生活費、保險費等不可少的最低限度費用後，剩下的餘額。換句話說，這個餘額代表「可自由運用的錢有多少？」

從A先生的例子可以知道，他每個月的自由現金流量爲三萬日元，能夠作爲零用錢。

上班族A先生的自由現金流量

A先生的家計

① **收入**	**三〇萬日元**
② **房貸及生活費**	**二〇萬日元**
③ **零用錢**	**三萬日元**
④ **保險費、存款等將來不可少的費用**	**七萬日元**

〈日常的現金出入〉

①收入　三〇萬日元

②房貸及生活費　二〇萬日元

→三〇萬日元－二〇萬日元＝一〇萬日元

〈為將來準備的現金出入〉

④保險費、存款等將來不可少的費用　七萬日元

→△七萬日元

〈自由現金流量〉

一〇萬日元＋△七萬日元＝三萬日元

這個指標顯示可自由運用的錢有多少，如實呈現出生活的餘裕程度，並非單純以年收入的高低來估算。

即使年收入低，只要自由現金流量呈大幅正數，在金錢方面也能幸福無憂地過日子。相反的，年收入再高，倘若日常支出龐大，自由現金流量呈負數，終究會出現不良的後果。

因此，**經常保持自由現金流量為正數，在人生中是很重要的**。

試著大略計算你的家計

各位何不試著計算看看你的家計自由現金流量？

計算時不要以一元爲單位，大略計算即可，不妨以萬元或千元爲單位。

再重申一次，利用會計分析家計時，以一元爲單位計算並沒有意義，因爲掌握大局才重要。

或許有人會認爲：「會計師都是一些心思細密的人，就算是一元，一定也不會放過。」

這只不過是一般人的想像罷了，事實上，會計師做會計審查時，幾乎都不會在意一元單位。審查大企業時，甚至無視百萬以下的單位。

因爲當你要從大局找出企業有無弊端時，倘若連枝微末節都要察看，就有忽略整體的危險性。而且，有時候根本沒有多餘的時間去細看一元單位。更何況企業公開的財務報表，通常是以百萬元爲單位。

既然大略計算即可，縱使搞不清生活費和零用錢的界線，也無所謂。不妨粗略計算，例如「每個月生活費大概五萬元，零用錢差不多一萬元」。

接著，請實際記錄下來：

你的自由現金流量

每月收入　＿＿＿＿**萬元**

每月最低限度生活費　＿＿＿＿**萬元**

每月房貸．房租　＿＿＿＿**萬元**

每月保險費　＿＿＿＿**萬元**

每月定額存款　＿＿＿＿**萬元**

以上全部加減得出的數字：＿＿＿＿萬元
就是你每月的自由現金流量！

會計敏感度

那麼，你每個月的自由現金流量是多少？

倘若是正數，目標就設定爲再增加正數；倘若是負數，就必須努力讓它轉爲正數。

如果計算出來的自由現金流量是正數，但每個月卻幾乎沒有剩餘的錢，就表示在某個地方多花了錢，必須重新估算是否在零用錢等方面有所浪費。

反過來，倘若計算出來的自由現金流量是負數，可是不想每個月過得苦哈哈，這種人可能就會花光存款，或是向旁人求助或借錢。然而，這不是長久之計，最好重新評估家計，早日轉爲正數才好。

粗略計算也無妨，因為能夠掌握家計的重點，才算具備忙碌生意人夢寐以求的「會計敏感度」。

重點整理

何謂「現金流量」？

- 現金流量＝Cash-Flow。
- 現金流量好，就是有很多現金。
- 現金流量不好，就是沒有現金。
- 現金流量的觀念：

↓從「現金的動向」觀察事物，盤算如何隨時保持擁有現金的狀態，以及注意現金的進出，讓資金周轉狀況良好。

信用卡付款的策略

- 重複在分攤付帳時以信用卡墊付，持續無息借款的方法。

● 由店家付手續費給信用卡公司，使用者無須付利息。

現金流量受重視的原因

● 有越來越多的公司重視現金流量，甚於利益。

● 現金流量只考量現金，利益則是將眼睛看不到的負債等也考量進去。

● 抱持「現金流量觀點」「利益觀點」等多重觀點，才能正確掌握公司的經營狀況。

個人最應重視的指標是「自由現金流量」

● 自由現金流量＝可以自由運用的金額。

● 從自由現金流量可以觀察公司的中長期經營能力。

● 個人自由現金流量＝收入扣除生活費、保險費等不可少的最低限度費用後，剩下的餘額。

↓ 呈現生活的餘裕程度。

- 經常保持自由現金流量爲正數是很重要的。

掌握大局才重要

- 以一元爲單位進行會計分析並沒有意義，掌握大局才重要。
- 家計也是以概略掌握重點爲原則。

→培養忙碌生意人夢寐以求的「會計敏感度」。

第七章

數字能力弱又何妨，只要有「數字敏感度」就行！

數字敏感度

跨越「數字高牆」

害怕會計的人，理由通常都是：「我數字能力本來就很弱……」

的確，對會計而言，數字是不可或缺的，利益、周轉率、現金流量和財務報表，全都是一堆數字。對討厭數字的人來說，是痛苦無比。

然而，我希望讀者不要誤解，因爲學習會計完全不需要很強的數字能力，它所需要的是「數字敏感度」。

只要擁有數字敏感度，對於會計林林總總的不明數字，一點也無須害怕。

最後這一章，要來揭曉何謂「數字敏感度」，同時也要讓讀者了解，**就算數字能力弱，也能善用會計**。

但願討厭數字的人閱讀本章之後，能夠跨越「數字高牆」。

立即進入主題

看到下面的宣傳廣告，你有什麼感想？

〈現金回饋活動〉

每五十人即有一人免費!!

現在購買○○，每五十人就抽出一人免費！

機會難得，切勿錯過！

「喔！免費？太棒了！」

「五十人才有一人，很不好中耶！」

「五十人就有一人，我應該會抽中！」

感想恐怕因人而異。

不過，具備數字敏感度的人，絕對不會有以上的念頭。

這種時候，除了具備數字敏感度的人之外，一般人只會從「能不能抽中免費」的觀點思考，完全被「免費」的字眼給套住了。

「廣告訴求的是免費，當然會被免費的字眼給套住囉！」有這種想法也是無可厚非。只不過，廣告業主其實並不怎麼在意免費。

或許有人會認為：「廣告業主提供免費的賠本服務，哪會不在意？」

事實上，重點就在「廣告業主」。

直覺敏銳的人應該發覺了吧？如果站在廣告業主的立場，「免費」並沒有什麼意義。

現在就揭曉正確答案。

所謂「每五十人抽出一人免費」，等於「一百人中有兩人免費」，換算成百分比，就是「二%免費」，就廣告業主的立場來看，是「二%的折扣」。

沒錯，「每五十人抽出一人免費」和「二%的折扣」幾乎是相同的。目前特價九折、甚至七折已成爲常態的消費時代，宣傳「二%的折扣」並沒有太大吸引力，消費者也沒什麼好高興的。

但是，換成「每五十人抽出一人免費」的說法，廣告魅力頓時倍增。可見「免費」這個字眼所擁有的絕大力量，在我們腦中構築了「免費↓划算」的思考迴路。

然而，一旦冷靜計算，就會察覺它只不過是用另外一種方式來敘述其實並沒有多划算的事物罷了。

上述的宣傳活動，是日本航空公司全日空在二〇〇二年舉辦的「『輕鬆搭機』現金回饋活動」。這個活動的企畫人員，可以說具有相當銳利的數字敏感度。

在這個活動中，每天的確會產生數百名中獎者。假設一架飛機可以容納兩百人，一天有一百班次，那麼：

二〇〇（人）÷五〇（人）×一〇〇（班次）＝四〇〇人中獎

再經由現場目擊抽獎活動的人口耳相傳，效果更加擴散。據說有相當多人因此而改搭全日空，全日空也因爲這個活動，獲利高達數十億日元。

不用說，比起提供每位乘客二％折扣，這個活動遠遠更具宣傳效果。

何謂數字敏感度？

能否立即察覺「它只不過是用另外一種方式來敘述」，便是具備數字敏感度與否的差別所在。

換句話說，一見到廣告，馬上就能看穿：「五十人有一人，就是一百人有兩人，亦即二％，也就是形同二％的折扣，只有二％的人會中獎。」能在瞬間察覺的人，應該就是具備數字敏感度的人吧。

不被「免費」這個字眼所迷惑，能夠冷靜地用數字思考事物，即是具備數字敏感度的人。

擁有數字敏感度，就會盤算「另外選擇便宜五％的，才是眞正划算」，能夠根據邏輯做選擇。

你的數字能力弱嗎？

關於數字能力，我們還常常聽到「數字能力強」「數字能力弱」的說法。許多人知道我是會計師，往往都會說：「那你數字能力一定很強！我就不行了……」

這裡所謂的「強」或「弱」，到底指的是什麼呢？

在許多人的印象中，所謂「數字能力強的人」，大概就是指很會解方程式、分攤付款可以馬上以心算出每個人應付金額，也就是對數學很拿手的人。

相反的，所謂「數字能力弱的人」，或許加法和減法還過得去，但碰到比較高階的計算就很頭痛，光看到數字，就被痛苦意識或排斥反應牽著走了。

不過，如果就這點來說，我也只會加法和減法而已。長久以來，我一直都是「文科人」，大學學歷還是文學院歷史系呢！數學成績也僅中等，很怕二次方程式，微積分更是一塌糊塗。因此，被誇數字能力強，還眞有些難爲情！

當然，會計師這工作經常要和數字搏鬥，不管看財務報表或寫報告書，都必定會接觸數字。但是，這些數字絕對用不到複雜的方程式，也用不到心算。用得到的，九九％就是加法、減法、乘法、除法，而這時候必定會用到計算機。計算機堪稱會計師必備法寶，不能沒有它。

例如，做財務分析時，計算機太重要了，可以用來計算減法、除法。因爲觀察公司狀況，最重要的就是「與去年相比」。

從「銷售額比去年增減多少？」「利潤比去年增減多少？」的觀點做分析非常重要。

今年銷售額－去年銷售額＝銷售增加額

今年利益÷去年利益×一〇〇＝年度成長百分比（%）

這裡需要的計算就是減法和除法，以及一點乘法。

日常進行會計審查工作時，使用的就是這些。

因此，會計師必備的數學技能，大可斬釘截鐵地說只有加減乘除而已。

數字能力弱的人、害怕數學的人，也可能成爲活躍的會計師。相反的，數字能力強的人、數學拿手的人，也未必就能成爲優秀的會計師。

一般人在日常生活中，本來就用不到加減乘除以外的計算。因此，即使數學不好也無所謂，根本不會對生活造成不便。

數字能力弱又何妨，只要有「數字敏感度」即可

對於非專攻數學的一般人而言，重要的應該是，不管數字能力強或弱，只要有「數字敏感度」就行。

數字能力強是完全沒有必要的，**只要擁有數字敏感度，在生活中，就不會被各種事物迷惑**。

例如，不會對「免費」的字眼反應過度，白白浪費其他的折扣。也不會在評估保險時，陷入天花亂墜的數字陷阱。

大抵來說，那些宣傳活動的企畫人員擁有出眾而敏銳的數字敏感度，數字能力也特別強。但是說得難聽一點，他們成天費盡心思，就是要讓沒有數字敏感度的人上當。

雖說只要擁有數字敏感度即可，但實際又該如何磨練這種能力呢？

老實說，我也說不上來。

前面提過，能否冷靜地用數字思考事物，是具備數字敏感度與否的差別所在。但光靠如此說明，想必讀者一時也無法理解。

因此，這裡我想談談自己大學時代的事情，稍微具體地思考「數字敏感度」這個概念。

優秀的經營者看得到別的數字

我和「數字敏感度」的邂逅，要追溯到遠在學習會計之前的大學時代。

我想每個人在年輕時，總會遇上堪稱師父的人，換成現在的流行說法，叫「心靈導師」。我在大學時代，也遇到類似心靈導師的人物。

我遇到的心靈導師，並非猶太大富豪或瑞士銀行家等傳說中的頂尖人物。不過，對我而言，卻也是同樣頂尖的人物，他是一家補習班的經營者。

我曾經問他：「經營補習班，最重要的成功因素是什麼？」

他的答案不是學生人數、收費標準或講師素質，而是：「學生的安全啊！」

最重要的是人命——沒想到這句話會從補習班經營者口中聽到。

當時我在那家補習班打工，有幸聆聽被稱爲「院長」的經營者的金玉良言。

有一次，院長邊出示一張傳單，邊說道：

「這是對手○○補習班的傳單，你看了有什麼感想？」

上面大剌剌地印著：「一百二十人錄取公立頂尖高中！六班招生中！」

「錄取人數高達三位數，很有宣傳效果喔！開班多，讓人覺得背後老闆『有相當財力，可以安心！』有相當財力的補習班還是比較強吧！」

我以一副理所當然的口吻回答。

不過，院長搖搖頭。

「不對！一百二十人的確很多，但是換算成平均，一班才二十人。我這裡雖然只有一個班，卻有四十人考上，錄取率遠遠超過它。」

有財力，可是教學並不怎麼樣啊……

「而且，它去年開五班，今年增加一班，變成六班，錄取人數幾乎沒有增加，這表示它的能耐在衰退中。」

這大概是我與「數字敏感度」最初的邂逅。我第一次知道，所謂分析，原來是這麼一回事。

也就是說，先用除法計算出「每單位有多少」，再和去年做「比較」，觀察變化的趨勢。

分析財務報表也是如此，這堪稱「分析的基本型」。

應該注意哪些數字？

並非所有數字都要除一除做比較，其實，只要注意重要數字即可。

在補教業界，重要數字就是「錄取人數」和「開班數」。「錄取人數」和學生人數是成比例的，可以據此預測營業收入；「開班數」則和高額房租及人事費用成比例，可以據此預測經營成本總額。

院長並不擅長會計，這些全都得之於經驗。

許多優秀的經營者，雖然不擅長會計，卻懂得留心該注意的數字。

這些數字，以分析自家公司而言，就像左右成本[43]的某些零件供應價格，或是重要商品的庫存數量。

而分析對手公司的話，則是要注意對手公司的商品種類數量、停車數量，或是工讀生的時薪。

例如房屋仲介公司，除了注意競爭對手刊登在廣告上的不動產物件價格之外，也要注意賣出日期。從廣告推出日期到實際賣出日期歷經的天數，可以充分掌握競爭對手的銷售情況。

我在觀察新建住宅的傳單時，會仔細留意「總戶數」和「銷售戶數」。銷售戶數多的話，表示賣不完，就有議價空間。

也就是說，**定期注意某個特定數字，是分析的真髓。能否做到這一點，關係著是否擁有數字敏感度。**

日本的股票投資專家，不僅注意日經平均股價[44]或東證股價指數[45]，還會觀察美國的就業統計、失業保險申請件數、汽車銷售數量等乍看與日本無關的東西，因爲在專家眼中，它們亦屬值得注意的重要數字。

閱讀財務報表的數字敏感度

閱讀財務報表也需要數字敏感度。

這時候，當然要注意與去年數字的比較，以及與其他同業數字的比較。更重要的是，**定期注意某個特定數字**。

所謂某個特定數字，不外乎當期純益[46]、自有資本比率[47]、成長率[48]，以及自由現金流量。

至於最應注意哪一項數據，則無法一概而論。因爲依景氣狀況、公司規模，以及站在公司內部或外部立場等，該注意的數字亦有所不同。

例如，同樣是利益，想了解所處業界狀況的職員，應該注意營業收益[49]；想了解經營成效的社長，應該注意經常利益[50]；而追求股利的投資家，則應該注意當期純益。

雖然同屬處理數字的學問，但是數學基本上只有一個正確答案，會計學則不同，正確答案有好幾個。

面對堪稱「數字高牆」的財務報表，無須一味地畏縮，不妨冷靜思考：「現在對我最重要的數字是什麼？」「我應該注意哪個數字？」

倘若均等看待所有數字，將無法知其所以然，因爲並沒有放諸四海皆準的正確答案。

如何培養數字敏感度？

最後，再講一個我聽說的故事：

一家營業額六千萬日元的三人公司總經理，被客戶問到：「貴公司總共有幾個人？」

他心想：「可不能讓對方知道我是小公司，否則一定會被看扁。」於是，他把打工的人數也算進去，便回答：「七個人。」

沒想到客戶認為：「一個人賺不到一千萬日元，這樣的公司，總經理的經營能力有問題。」因而重新考量買賣契約。

我要表達的不是什麼「說謊總要付出代價」，而是**「沒有數字敏感度會吃虧」**這個活生生的事實。

這並不僅針對經營者。

例如，上班族考慮轉業時，如果有數字敏感度，會發覺某些工作年收入再怎麼高，如果工作時間過長，以時薪計算並不值得。

另外，如果突然發現累積了大量該回覆的電子郵件，一般人第一時間的反應大概是不知所措。不過，假設累積了二十封待回覆的電子郵件，如果將它們切割思考，例如每封信花十分鐘處理，二十封信，大概三個多小時就能處理完。如此計算，事情便變得容易多了，這也是一種數字敏感度。

聰明的主婦有時會很自然地發揮數字敏感度，例如每天先瀏覽超市的特價傳單再去購物。每天瀏覽，自然會「和昨天比較」「和其他商店比較」，這表示她已經學會「定期注意某個特定數字」這項分析的真髓。

如果能套用在家電或服飾等高價商品上，或許可以省下不少錢呢！

想擁有數字敏感度，如前所述，先從注意日常生活的「小數字」開始，這是第一步。

數字並非只是個記號，所有的數字背後都有「意義」存在。一旦能解讀它的意義，自然就擁有數字敏感度。

因此，完全沒必要畏懼財務報表等會計數字。

「這個數字意味著什麼？」「哪個數字對現在的我是有意義的？」只要養成隨時停下腳步思考的習慣，慢慢的，「會計都是數字，看了就頭大」的排斥感就會越來越淡薄。

到這個時候，便可以跨越「數字高牆」了。

重點整理

你擁有「數字敏感度」嗎？

- 數字敏感度＝能否冷靜地用數字思考事物。
- 即使數字能力弱、害怕數學，只要擁有數字敏感度，也能善用會計。
- 會計的計算九九％是加減乘除。
- 而且必定會用到計算機（計算機堪稱會計師的必備法寶）。

如何以數字為基礎做分析？

- 觀察公司的狀況，最須注意的是「與去年相比」。
- 分析的基本型：

↓先用除法計算出「每單位有多少」，再和去年做「比較」，觀察變化的趨勢。

● 分析的眞髓：

↓定期注意某個特定數字。

● 許多優秀的經營者，雖然不擅長會計，卻懂得留心該注意的數字。

● 因狀況與立場的不同，財務報表該注意的數字亦有所不同。

● 倘若均等看待所有數字，將無法知其所以然。

如何培養數字敏感度？

● 日常生活的「小數字」也要注意。

● 解讀數字背後的「意義」。

總結 了解會計能讓生活更便利

「會計」仍在進化中

會計一直隨著商業活動的發展而成長，人類在「完整記錄交易」「買賣狀況完全明朗」等渴望之下，塑造了會計。

就技術性而言，原本只是單純以日記帳記載每日交易，隨著採用雙式記載之後，就產生飛躍式的進化，即現在的「會計」。

會計的發明，讓我們得以輕易了解無形的事物。

所謂無形的事物，就是將「利益」（銷貨額扣除費用）、「資本」（資產扣除負債）等差額具體化的概念。

藉由使用「利益」「資本」等概念，我們的資訊能力，比起只憑眼睛看得到的數字來理解或判斷商業交易，提升了更多層次。

也就是說，由於擁有「利益」「資本」等概念，一眼便可以察覺公司的狀況，也可以用相同基準比較自家公司和其他公司。

但是在此之前，前人也曾經苦惱：「該怎麼做才能記錄所有的交易？」「該怎麼做才能鉅細靡遺地顯示公司的現狀？」並不斷反覆嘗試。

如今，會計不僅能掌握企業現狀及判斷損益，還能用來預測未來（長期經營計畫等），而且也正在研究「如何將金錢無法估算的價值數據化？」「如何讓預測未來的數字更精確？」等問題。

沒錯！會計是到現在都還在持續進化中的學問。

會計的本質概念

看了本書，你是否覺得自己和會計的距離更接近了一些？是否覺得自己多少已接觸到會計的本質概念？

所謂會計的本質概念，是將無形的事物轉化成有形的具體數字（例如「利益」「機會損失」等），並且使串連事物或從不同角度看待事物，變得簡單易懂（例如「連結」「周轉率」等）的思考方式。

換言之，會計就是持續挑戰「如何確實掌握事物」的一門學問。本書各章即呈現了其中一部分成果。

如果再瀏覽一次各章結尾的「重點整理」，不難發現會計的使用對象絕非局限於商業。

我在前言也提到，會計也可以應用在與日常生活息息相關的現金出入、損益判斷及未來計畫（生涯規畫）等方面。

會計其實是與我們很親近的，了解會計能讓生活更便利。

我與會計的緣分才五年，但在這當中我學到了許多東西。學會會計的思考方式，除了可以更確實掌握商業和公司的狀況之外，在日常生活中，也可以利用各種會計方法，更簡單且更具體地掌握事物。

本書要傳達的就是上述的體驗，我認爲這也是一般人學會計的意義所在。

我希望讀者能了解「會計的本質概念」，而對工作、生活有所助益。因爲會計是人類的智慧，也是大文豪歌德所讚譽的「最高的藝術」。

後記　這本書的誕生

大約在兩年前，我和日本出版社光文社有如下的對話：

「山田先生，您能不能寫一本一般人都可以接受的會計書？」

「您的意思是？」

「在美國，一般人從小就接受商業教育，會計也被當作一般常識教導，但是在日本學會計的，卻僅限於專校和大學的商學院，以及一部分商業人士，您不認爲日本有必要再推廣會計知識嗎？」

「可是，會計的書不太好賣喔！」

「日本所謂的會計入門書，都是一些不具備專門知識就讀不下去的書，我們希望出一本可以塡補艱澀入門書和一般人之間隔閡的書……」

「話雖這麼說，要寫一本可以吸引一般人看的會計書，還是很難啊！」

我這麼想著，時間匆匆過了一年多。

有一天，朋友問我：

「我家附近有一家幾乎沒什麼客人，卻一直在營業的店，你知不知道它爲什麼不會倒閉？」

我問他爲什麼要問我這個問題，他說：

「你是會計師耶！會計專家不是應該了解這種事嗎？」

這實在是天大的誤解，會計專家也未必知道全國企業的內情。

不過，也別失望……讓我想想。

我仔細想一想，就算再小的公司，也一定會用到會計，既然和會計有關，那麼之前的會計審查經驗或許就可以派上用場，說不定我能推論出商店不會倒閉的謎底。

也許我還可以藉由說明推論的過程，寫出一本連繫一般人與會計的書……

本書就是這樣開始的。

至於這個嘗試成功與否，就交由各位讀者判斷。不過，倘若能稍微引起讀者對會計的興趣，我認爲自己算是及格了。

會計的世界還很遼闊，想學會看財務報表的讀者，請研讀「財務報表分析」；想學會簿記的讀者，請研讀「簿記檢定」；想深究會計知識的讀者，請研讀「會計學」。

看完本書之後，再看這些書，對會計應該會有更深一層的認識。

會計數字是反映企業狀態的鏡子，企業的經營活動會一五一十地表現在數字上，因此，會計學和管理學密切相關。而就運用各種數字做分析這層意義來說，會計學也是統計學。

會計學、管理學、統計學，我個人認爲，今後它們都是商業人士不可欠缺的知識。各位覺得呢？

至少，關於會計學，讀者不妨以本書作爲踏板，開始學習。

雖然它不是一門那麼容易就能學會的學問；但反過來說，一旦學會，必然也是一門受益無窮的學問。請努力挑戰看看吧！

在此要特別致謝：

非常感謝提供豐富資料的光文社編輯部柿內芳文先生，本書的誕生，就源於全然不懂會計的柿內先生與我的對話。

此外，感謝讓我擁有數字敏感度的兵庫縣加古川市武藏學院補習班的諸位老師，以及賜予良多建言的諸位會計師。

最後，向閱畢本書的讀者致上最大謝意。

二〇〇五年二月

山田真哉

附錄一　看諺語學會計

「巧婦難為無米之炊」

再怎麼有幹勁，如果沒有相當的資金，也無法進貨或購買原料。有好的商業構想，倘若沒有創業本錢，也是莫可奈何。

「打如意算盤」

在還沒有實際銷售之前，無法知道東西是否眞的賣得出去。然而，銷售數量雖然無法事先知道，單價卻要事先設定。換言之，在會計上可不能批評「打如意算盤」是無謂的幻想。

「時間就是金錢」

隨著時間流逝，借款會孳生利息，就這點而言，不可浪費時間。另一方面，借款和企業併購也可以說是在「買時間」，因爲借款節省了取得現金的過程，企業併購則節省了創業的過程。

「有錢能使鬼推磨」

只要有錢，不管任何麻煩都能解決，因此，隨時備好現金是很重要的。

「貧則鈍」

業績不好，不敢果決投資，在講求速度的時代，便會遭到淘汰。

「貧窮無暇」

業績不佳，爲了和銀行洽商還款、借款，和供貨商協調展延付款，以及爲籌措資金忙得焦頭爛額，完全沒有空暇。個人缺錢的話，可能就要開始本業以外的兼職，或是爲了賺加班費而增加工作時間，結果失去了空閒。

「有錢人不惹糾紛」

糾紛會無端生出官司費用，能免則免。對方欠錢不還，一旦打官司查封對方財產，律師費和查封的執行費都不是小數目，欠款如在一百萬日元以下就划不來。因此，有錢人通常會基於經濟合理性，不惹糾紛。

「買便宜貨浪費錢」

貪便宜而購入不中用的商品，一旦賣不掉，就不得不處分庫存。買便宜的機械，用沒兩下便故障，有時還得花一大筆維修費。

「有賺頭卻沒錢拿」

空有漂亮的財務報表，賺不到現金也沒什麼用。要注意，有時候可能會「賺得到利益，卻賺不到現金」。

「有錢行天下」

賣掉商品，現金入荷，再用來進貨，然後再賣掉商品。也就是說，只要有經營，便有現金進出。然而，一旦出貨或進貨有一頭卡住，經營將立即停滯不前。

「吃虧就是占便宜」

一味盤算不吃虧，不會有多大收益。想獲取長期的大利益，投資就要果斷，不必在乎短期的小損失。

「保持笑容可以收現金」

第三章提過對方付現金對自己比較有利。保持笑容，比較能讓對方付現金。

「多存貨多罪過」

第三章也提過庫存多，沒好事。庫存少，不僅有利於公司財務，體態輕盈，也比較容易對應流行趨勢的快速變化（避免促銷退流行的商品）。

附錄二　會計用語集

1 **利益**

企業活動所結的果實。附加在最初資本（本金）的新價值。

→賺得的部分。

2 **審計**

當事者以外的人士為調查記載特定經濟主體所執行業務之報告書是否正確，檢核該業務相關資料，並基於合理證據，進行判斷及書寫意見。

→由第三者查核。

3 **會計師**

通過資格考的會計師之總稱。

↓全日本約兩萬人。

4 **財務報表（決算書）**

記載企業經營成績及財務狀態的會計報告書，必須定期編製，主要包括資產負債表、損益表和現金流量表。

↓財務報表大約五頁，加上注釋則達數十頁。

5 **法人**

自然人以外，在法律上擬制爲人，視爲權利、義務的主體。爲了一定目的而結合的一群人或財產，法律賦予其人格（權利能力），稱爲法人。

↓公司。

6 **現金**

通貨，以及隨時可以換成通貨的支票、郵政匯票、轉存單、到期公債息票、股利收據等。

↓錢。

7 **現金流量表**

將資金的範圍視為現金及現金等同物，從引發資金流動原因的觀點，表示一定會計期間內資金出入的財務報表。

↓了解金錢的出入。

8 **賒帳**

日後再結算商品買賣價金的交易，屬於信用交易的一種。

↓賒欠。

9 **票據**

在一定時期、一定場所、支付一定金額為目的的有價證券。

→約定將來支付的依據。

10
營業收入
販賣商品、製品所得價金的總額。
→提供東西或服務得到的錢，會計上登載爲「營業收入」。

11
經費
一般指辦事所需的費用。會計學上則指製造成本中的材料費、勞務費以外的成本要素，包括：折舊費、存盤損費、借貸費、修繕費、電費、旅費及交通費等。
→材料費、薪資以外的其他各種費用。

12
費用
辦理事情必要的金錢。因爲企業生產上的目的，必須消費的財產價值或貸借的資本利息。

↓營業收入－費用＝利益。

13
初期投資

爲完成某種目的，事先投入的金錢或人力。

↓創建事業時必要的金錢，用來租用店面、購置設備、裝潢等。

14
收益

企業販賣財物或提供勞務的代價。利益泉源的營業收入等總稱，包括：營業收入、手續費、利息等。

↓除了營業收入之外，還包括股票出售所得及存款利息等。

15
支出

爲某種目的，支付自己的金錢；支付現金或現金等價物。

→付錢。

16
收入

從他人收取金錢，轉爲自己所有；收取現金或現金等價物。

→賺錢。

17
合併決算

將兩家以上隸屬主從關係的母公司及子公司等組成的企業集團，視爲單一組織體，由母公司編製合併財務報表。

→包含子公司的決算。

18
內線交易

身爲公司主管或職員，利用可取得重要而未公開的內部資訊，從事買賣自家股票等，企圖獲取不當利益或迴避損失的不法行爲。由於侵犯一般投資人利益，爲證券交易法所禁止。

↓知悉企業機密而買賣股票。

19

股利

公司將經營活動所賺取的利益視爲資本，依據股東所持有的股數分配的利益。

↓利益均分。

20

呆帳（不良債權）

由於企業破產或經營惡化等因素，導致可能無法向該企業回收的債權。會計上包括倒帳疑慮的債權及破產重整的債權。

↓無法回收的債權。

21 滯銷庫存

因損壞或品質低劣等物質缺陷所產生的存貨，或因老舊腐化等經濟缺陷所產生的存貨。

↓無法使用的存貨。

22 庫存（盤貨）

直接或間接以販賣爲目的，爲企業所擁有的資產。

↓一般稱庫存，會計用語稱「盤貨」。

23 資金周轉

調整交易時間和金錢進出時間落差所產生的資金不足的作業。

↓金錢的籌措。

24 損失

成本所反映的勞務潛力未能有助收益，反而變成耗損。「未賺取利益」的純資產耗減因素，例如火災、風災或水災損失等。

↓喪失、利益爲「△」（負）。

25 存貨盤損

帳簿庫存數量與實際盤點數量之間的落差。

↓庫存（盤貨）損毀、遺失所造成之損失。

26 機會損失

倘若採取某種行動可獲取的利益，以及因爲沒有採取該行動而損失應可獲取的利益。

↓失去「原本應可獲取的利益」的機會，亦即，未賺到、漏賣。

27 供應鍊管理

對於下／接訂單、材料供應、庫存管理及製品配送等，利用資訊技術，從上游至下游採統合管理的經營方式。對削減多餘庫存及降低成本具有成效。

→屬於事業再造的一環，最近正流行。

28 訂單生產

接到訂單，才開始生產下單客戶指定的規格製品。

→接到訂單以後才生產。

29 制度會計

在公司法、證券交易法、所得稅法等法律及規定的框架內施行的會計總稱。

→法律所規定的會計。非制度會計則被用作公司內部資料（預算等）。

30
簿記

以一定的形式記錄／計算／整理特定經濟主體的財產變動，並明白表示其結果的方法。

↓「帳簿記入」之省略。

31
資產

企業可以用貨幣爲單位，合理推算出其經營經濟活動所具有的經濟效益或勞役潛力，包括有形及無形等各種型態。

↓不限於物資。

32
負債

企業可以用貨幣爲單位，合理推算出現在及將來的經濟負擔。借款、支付票據、賒欠貨款及公司債等。

↓不限於借款。

33
資本
公司資產總額中歸屬於股東的金額。資產扣除負債所得數額。
↓眼睛看不到的公司基礎力量。

34
借款
交付借據所借的金錢。
↓向他人借的錢。

35
帳簿
爲了做金錢、物品等出納的會計記錄，記載必要事項的帳面。
↓會計用筆記本。

36
資本額
股東投入的資本中，依商法規定，必須表示的「資本」之金額。

↓表示公司規模。

37 債務超過

資產負債表顯示負債總額超過資產總額。

↓在「資產－負債＝資本」的公式中，負債太大，資本呈現負的狀態。失去信用。

38 周轉率

「估量一定期間內資金及財產的動向，並表示其運用效率」的經營分析指標。

↓在一定期間內，投資所回收的比率。餐飲店經常用它來估算一天有多少客人流動。

39 應收帳款

販賣商品、製品或提供勞務所應獲取的營業收益中，尚未回收的金額。

→應收帳款爲通稱。

40 現金流量

編製資金計算表的基礎概念，屬資金概念的型態之一。指資金的流向或最後的資金增減情況。

→金錢（現金）的流向。

41 暫收款

交易對象或從業員暫時存放的現金，爲會計科目之一，用以表示其金錢債務。

→因爲不屬於自己的財產，所以不是「資產」，而是「負債」。

42 自由現金流量

公司賺得的資金，扣除持續事業活動必要的費用後，剩下的餘額。

↓可自由使用的錢。

43 成本

基於現在或未來支出等純損益計算上的負面要素，所估算的財物或勞務。

↓商品或製品必要的費用。

44 日經平均股價

在東京證券交易所上市的兩百二十餘種股票的平均股價。

↓例如，二〇〇六年三月十三日，日經平均股價爲一萬六千三百六十一・五日元。

45 東證股價指數

東京證券交易所以基準日（一九六八年一月十四日）的市價總額爲一〇〇，每日計算得出的股價指數。利用資產規模變化，可以估量上市股票的價值。一旦有新股除權或採樣股票變更，基準日的市價總額亦隨之修正。

↓例如，二〇〇六年三月十三日，東證股價指數爲一六七四・六六點。

46 當期純益（當期利益）

在期末用以表示「企業於一定期間內的經營成績及收益能力」的利益。

↓最終利益。

47 自有資本比率

判斷資本結構是否適當的比率，用以表示自有資本在企業總資本所占的比例。自有資本比率＝自有資本÷總資產。

↓用來表示「公司的安全度」最普遍的指標。

48
成長率（營業額增加率）

觀察收益成長狀況的比率。成長率＝（今年營業額－去年營業額）÷去年營業額。

↓可以了解公司的成長狀況。

49
營業收益

只將原有事業經營視爲收益來源的利益。

↓營業額扣除進貨款、薪資等費用所剩的金額。

50
經常利益

將附隨於原有事業經營的金融或財務因素併入考量，所估算的利益。

↓營業利益扣除出售股票的損益、借款利息等費用後剩下的金額。

Eurasian Publishing Group
圓神出版事業機構
用心與你對話・視野無限寬廣
先覺出版社
Prophet Press

www.booklife.com.tw reader@mail.eurasian.com.tw

商戰 228

叫賣竹竿的小販爲什麼不會倒？

投資理財前，非學不可的會計入門與金錢知識【暢銷經典版】

作　　者／山田真哉
譯　　者／東正德
發 行 人／簡志忠
出 版 者／先覺出版股份有限公司
地　　址／臺北市南京東路四段50號6樓之1
電　　話／（02）2579-6600・2579-8800・2570-3939
傳　　真／（02）2579-0338・2577-3220・2570-3636
總 編 輯／陳秋月
資深主編／李宛蓁
責任編輯／劉珈盈
校　　對／胡靜佳・劉珈盈
美術編輯／林雅錚
行銷企畫／陳禹伶・黃惟儂
印務統籌／劉鳳剛・高榮祥
監　　印／高榮祥
排　　版／杜易蓉
經 銷 商／叩應股份有限公司
郵撥帳號／ 18707239
法律顧問／圓神出版事業機構法律顧問蕭雄淋律師
印　　刷／祥峰印刷廠
2006年6月　初版
2022年9月　二版

SAODAKEYA HA NAZE TSUBURENAI NOKA?
MIJIKA NA GIMON KARA HAJIMERU KAIKEIGAKU

Originally published in Japan in 2005 by KOUBUNSHA CO.,LTD.
Chinese translation rights are arranged through TOHAN CORPORATION, TOKYO.
Traditional Chinese translation published by Prophet Press, an imprint of
EURASIAN PUBLISHING GROUP

定價310元　ISBN 978-986-134-433-1

會計是人類的智慧，也是大文豪歌德所讚譽的「最高的藝術」。

——山田真哉《叫賣竹竿的小販爲什麼不會倒？》

國家圖書館出版品預行編目資料

叫賣竹竿的小販為什麼不會倒？：投資理財前，非學不可的會計入門與金錢知識【暢銷經典版】／山田真哉 著；東正德 譯.

-- 初版. -- 臺北市：先覺出版股份有限公司，2022.09

224 面；14.8×20.8 公分 --（商戰系列；228）

ISBN 978-986-134-433-1（平裝）

1. 會計

495　　111011820